高等院校艺术设计类"十四五"规划教材

总主编 陈 健

DINING SPACE DESIGN

餐饮空间设计

主 编 赵宇南

中国海洋大学出版社
·青岛·

图书在版编目（CIP）数据

餐饮空间设计 / 赵宇南主编 ． — 青岛：中国海洋大学
出版社，2014.6（2024.1重印）
ISBN 978-7-5670-0681-2

Ⅰ ． ①餐… Ⅱ ． ①赵… Ⅲ ． ①饮食业－服务建筑－
室内装饰设计－高等学校－教材 Ⅳ ． ① TU247.3

中国版本图书馆 CIP 数据核字（2014）第 140934 号

出版发行	中国海洋大学出版社			
社　　址	青岛市香港东路 23 号	邮政编码	266071
出 版 人	杨立敏			
网　　址	http://pub.ouc.edu.cn			
电子信箱	tushubianjibu@126.com			
订购电话	021-51085016			
责任编辑	郑雪姣	电　　话	0532-85901092
印　　制	上海万卷印刷股份有限公司			
版　　次	2014 年 8 月第 1 版			
印　　次	2024 年 1 月第 3 次印刷			
成品尺寸	210 mm×270 mm			
印　　张	9			
字　　数	199 千			
定　　价	59.00 元			

前　言

俗话说"民以食为天"，餐饮空间的设计过程就是展示创作灵感与洞察力，展现深厚餐饮文化底蕴的过程。随着我国经济的飞速发展及国际地位的快速提高，我国餐饮行业正面临崭新的机遇与挑战，在这种社会背景下培养基础扎实、理念创新、视野开阔的设计人才就显得尤为重要，只有这样才能不断推出符合时代需求的设计作品。本书希望通过作者多年的教学感悟与实践经验，在课程设置及教材内容上有所突破，为教育改革尽自己一点微薄之力。

餐饮空间设计是环境设计专业的重要专业课程之一，是学生掌握商业类餐饮空间设计的有效途径。本书图文并茂，在赏析大量国内外优秀案例的基础上，将内容设置为设计基础理论、构思与创意、专题空间设计、项目实例及学生优秀作品等几部分内容，力求解决好理论与实践、一般与重点之间的关系，明确学生学习目的及评判标准，增强学生方案设计的可实施性，形成理论与实践的立体化思维模式。

本书从餐饮空间的基本概念入手，以人体工程学中人体尺度及人的行为心理为设计基础，以餐饮空间的经营流程为设计依据，以现代餐饮空间的功能划分为设计主导，结合不同类型餐饮空间的风格特征、色彩、灯光及材料的选择应用，通过方案构思与创意过程的强化训练与项目案例的系统梳理，使学生形成完整的设计思想并最终完成设计方案。本书还对餐饮空间设计中所涉及的电力、给排水、暖通、消防等配套要素为学生作了有益的知识补充。

本书的编写是一项繁杂而又艰巨的工作。书中除署名作品及本人作品外，还引用了一些作者不详的优秀案例作品。尤其感谢设计师李浩澜对本书项目案例的提供与支持，白鹏、荆福全等老师也为本书的资料收集及修改提供了无私的帮助，在此一并表示诚挚的谢意。

由于编者水平有限，书中不足之处在所难免，敬请读者批评指正。

编　者

2014年7月

教学导引

一、教材适用范围

本教材适用于高等院校室内设计、环境设计、建筑装饰等相关专业餐饮空间设计课程的教学用书。

二、教材学习目标

1. 了解餐饮空间设计流程、设计特点、设计内容及设计程序。

2. 掌握不同类型餐饮空间风格特征。

3. 熟悉相关技术规范及构造节点，使学生的设计有据可查、有的放矢。

4. 培养学生系统、全面、创新的方案设计能力，使学生明确设计是以满足人的需求为最终的设计目的。

三、教学过程参考

1. 资料收集。

2. 案例考察。

3. 创意衍变过程记录。

4. 平面功能布置图。

5. 初步方案设计草图。

6. 深化设计方案。

7. 方案进度汇报。

8. 作业完成情况。

四、教材建议实施方法

1. 直观演示。

2. 现场考察。

3. 分组互动。

4. 作业点评。

课时分配建议　　　　　　　　　　　　　总课时：60

章　节	内　容	课　时
第一章	餐饮空间设计概述	4
第二章	餐饮空间设计与人体工程学	8
第三章	餐饮空间设计规划	10
第四章	餐饮空间设计内容	12
第五章	餐饮空间相关要素设计	8
第六章	专题餐饮空间设计	8
第七章	主题餐饮空间设计构思与创意	10

目 录
Contents

第一章　餐饮空间设计概述

中国的饮食文化底蕴深厚、历史悠久，在社会经济发展的各个时期都起着十分重要的作用。随着人们生活方式、生活节奏和消费观念的改变，餐饮空间的功能被外延化，逐渐形成了我国独特的餐饮文化现象，即就餐过程包含着一种交流、一种享受、一种体验，而这种外延化使得设计更具多样性，同时也对设计提出了更高的要求。在餐饮空间设计中需更多地融入现代人的心理与思维、文化与娱乐、现代与传统的空间特质，人们更倾向于个性化、艺术化、人文化的主题餐饮空间。

第一节　餐饮空间设计概念

1.1 餐饮企业

餐饮企业是指凭借特定的场所和设施，为顾客提供饮食及服务并以盈利为目的的企业。

1.2 餐饮空间

餐饮空间是指接待用餐者就餐的经营性场所，根据其经营内容可划分为餐厅和饮食店。餐饮空间既是消费的媒介，又是交流与体验的场所。一个良好而舒适的就餐环境能够促进顾客消费，促使经营者盈利。

1.3 餐饮空间设计

餐饮空间设计是指在一定的空间范围内，综合运用艺术设计语言，通过独特的主题理念、合理的空间安排、准确的传达手段，使其产生特定的环境氛围，以满足目标顾客的就餐需要及精神要求，最终达到经营者盈利的设计行为。餐饮空间设计与一般公共空间的设计不同，除了给人提供一个就餐场所外，更重要的是强调一种让人身心放松的就餐氛围（图1-1-1）。

图1-1-1　设计风格多元化的餐饮空间

第二节　餐饮文化发展历程

2.1　国外餐饮文化发展历程

餐厅的英文是"Restaurant"。1765年，法国一家餐厅的经营者创新了一道菜"Le Restaurant Divin"，意思是一种恢复元气的汤，得到了顾客的广泛认可和好评，后来人们就把"Restaurant"称为餐厅，所以餐厅最初的定义就是"可以供人们恢复精神的饮食场所"。

在欧洲很早就出现了乡村酒店客舍，最早起源于苏美尔人的小酒馆。这是一种小规模的餐饮店铺，它是从民居衍生而来，提供餐饮及住宿，餐饮设施像民居的居室、厨房、餐厅一样，整个旅店有着家庭的氛围。到中世纪时，餐厅和厨房之间的柜台逐渐发展成为吧台，餐厅既为顾客提供一个交往的场所，同时还提供了诸如跳舞、赌博等娱乐及社交活动。

19世纪，由于交通工具的发展以及旅游业的兴起，旅馆餐厅的服务对象也大大增多，为了解决大量人流的同时进餐，旅馆餐厅只是将原有空间简单放大，其空间形式、内部服务及空间私密性都比较单一（图1-2-1）。

图1-2-1　法国传统风格餐厅设计

第二次世界大战后，随着人们收入的增加和生活的改善，旅行者的范围扩大到普通民众，进一步推动了餐饮行业的发展。餐饮空间向现代化、多功能化、综合化方向发展，并发挥出其在社会中的社交、娱乐、商业等作用，与早期的餐饮空间相比，现代餐饮空间在空间功能、设备设施、空间布局、餐饮形式、服务观念等方面都有了质的飞越，如开始出现桌边服务。

2.2 国内餐饮文化发展历程

餐饮业作为商业的一种重要形式，中国在商代时就有了解决往来人流就餐的"肆"；到了周代出现供客人住宿的"客栈"；早在2000多年前的秦汉就有了专为官员传递公文及住宿的"驿站"，为长途跋涉的官员提供住宿及餐食；而餐饮业的真正普及大概是在汉唐时期，此时是历史上的太平盛世，交通发展迅速，各处都设有方便客商的"客舍"与"亭驿"。从《清明上河图》（图1-2-2）上可以看到，在唐宋时期利用临时住房开设的酒肆林立，这种早期的酒楼以膳、宿为主要形式，规模较小，建筑形式以当地民居为基础，建筑布局灵活，店面讲究。随着中国多民族的融合，传统饮食趋于复杂，丰富了各地区的餐饮内容，逐渐发展出中国有名的八大菜系，并形成中国独特的饮食文化。

改革开放后，餐饮业作为我国第三产业中传统的服务性行业，其发展大致经历了四个阶段：起步阶段、起飞阶段、多元发展阶段和品牌发展阶段（表1-2-1）。我国餐饮行业的质量和内涵发生了重大的变化，餐饮行业逐渐从粗放化、个体化管理模式向精细化管理模式发展，经营业态日趋丰富，经营形式和顾客需求的多元化特点更加突出，经营档次和企业管理水平不断提高，餐饮业正朝着品牌特色化、运营产业化、业态多样化的方向发展，展现出一片繁荣兴盛的新局面（图1-2-3）。

图1-2-2　清明上河图（局部）

图1-2-3　广州白天鹅宾馆（1983年至今）莫伯治
中国第一家五星级宾馆　拍摄者：天口丘山

表1-2-1 改革开放后我国餐饮业发展历程

发展阶段	时间	特点
起步阶段	1979~1990	国营和供销系统的餐饮企业
起飞阶段	1990~2000	豪华宾馆和酒楼
多元发展阶段	2000~2005	中小型特色餐饮店的迅速发展
品牌发展阶段	2005年至今	餐饮企业品牌化、连锁化、集团化

近几年由于全球金融危机、国内经济增长放缓、食品安全等因素的影响，我国餐饮行业出现了一系列问题，这些问题的解决有可能为餐饮行业的未来发展指明出路。餐饮行业同其他行业一样也正经历着洗牌的过程，伴随中国餐饮业消费需求的迅猛发展，改变传统管理模式势在必行。我国餐饮行业面临着食品原材料价格上升、劳动力成本提高、管理人才匮乏、行业竞争激烈、食品安全管理不健全等方面问题，特别是2012年中央"八项规定"的出台，反奢靡之风加速了餐饮行业的转型。我国未来餐饮业要更加注重普通民众的消费需求和分层次消费需求，过去针对各种消费对象的餐厅将被特色鲜明的品牌餐厅所代替。餐饮企业需大幅提升自身管理水平及竞争力、扩大经营规模，向标准化和规模化的连锁发展模式发展，通过"中央厨房"等新型模式突破中餐连锁上无标准化、无流水化的瓶颈，如味千拉面、真功夫等餐饮企业为中餐商业模式的扩张发展提供了借鉴。我国餐饮企业应把握行业发展规律，借助信息化科技手段实现管理模式的创新和提升，提高经济效益。

第三节　餐饮空间设计现状及趋势

3.1 餐饮空间设计现状

中国餐饮空间设计真正开始于20世纪90年代，起步较晚，但发展非常迅速。由于经济增长、国际化设计涌入、互联网发展、生活水平提高、相关建筑法规完善等发展背景，对餐饮设计行业提出了更高的标准，为餐饮空间设计提供了良好的发展机遇。对设计师的修养和品位提出了更高的要求，涌现出大量的优秀设计师和设计作品，基本满足了人们对就餐环境的精神需求，但还有很多不尽如人意的地方。例如设计模式化，缺乏创造力和特色，相当一部分设计是装饰材料的堆砌和视觉装饰符号的拼贴；维持传统风格，以自我为中心的设计心态，导致设计形式化、表面化，缺乏更深层次的文化与技术内涵；大量的小型餐馆环境简陋，缺乏设计；施工环节仅停留在表面的施工工艺水准上，而其内部的结构工艺、材料组织、技术革新等与国外相比相当滞后；人们对形式的关注远远大于技术的进步，造成技术与设计的脱节，呈现出伪高科技设计形式等问题（图1-3-1）。

3.2 餐饮空间设计趋势

随着我国餐饮行业的快速发展，餐饮空间设计呈现出一种向环保化、多元化、智能化及主题化的发展趋势。

3.2.1 环保化

经济的高速发展以及人们环保意识的薄弱，使地球的生态平衡遭到了严重的破坏。低碳节能是目前社会所积极倡导的经济发展观，发达国家已将建筑相关行业列入低碳经济的重点领域。餐饮空间设计中的低碳环保理念不仅体现在设计形式上，更体现在对整个行业良性发展的展望方面，它是对餐饮行业从业习惯和设备设施的全新改革。

餐饮行业的环保化除了积极倡导节约食材外，还应体现在绿色健康的饮食环境上。

① 在装饰材料的选择方面更加强调选择耐用、安全、可再利用的材料，减少二次装修带来的环境污染和资源浪费。尽量采用当地材料，节省运费的同时兼顾当地人的审美及习惯。少用或不用易造成室内环境污染的材料，如夹芯板、密度板、油漆工艺饰品等，以降低材料的危害系数。

② 餐饮空间的照明设计作为节能减排的重要一环，应在充分利用自然光的前提下，选择热能损失率低、使用时间久的光源（图1-3-2）。可采用智能灯光控制系统，根据不同的使用要求选择不同控制模式。同时企业应推行信息化经营管理方式，以节省人力、物力及管理时间。

③ 无纸化菜单是未来餐饮信息化发展的重要内容，推广无纸化的低碳点菜方式，可以避免企业因更新菜单带来的印刷浪费，有利于引导顾客合理化消费，同时向顾客提供一种全新的服务体验。

3.2.2 多元化

今后的餐饮空间设计不再是"单纯"的设计，而是将文化概念、生活模式与设计理念相结合，是一种共性与个性、艺术性与生活性、国际性与民族性的多元化体现。经营业态模式的多元化决定了设计风格不再局限于

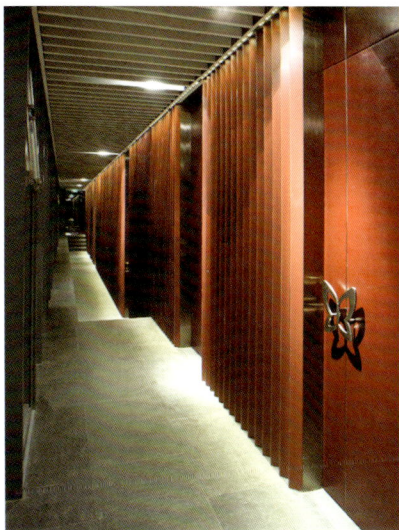

图1-3-1 下图 "蝶·1903" 餐厅包房走廊设计 梁志天
同样是餐厅包房走廊的设计，与上图相比下，图对中式元素诠释得更加透彻深入，对空间界面的主次、取舍、重构、尺度及空间色彩、灯光等的处理更加精炼

图1-3-2 充分利用自然光，选取棉绳等自然材料并尽量减少易造成室内污染的材料，以简约、自然的设计展示独特的美感

某种固定模式。同一品牌的餐饮空间在不同区域、不同文化背景下，可采用不同的主题设计，以体现设计的多样化和地域化。通过多元化设计还可激活老字号活力，引导新品牌发展，让品牌文化植入顾客头脑中的不仅仅是菜品、味道、服务、环境、音乐等，而是综合因素的整体体现，以此推动餐饮行业在产品、服务和经营方式上的品牌化发展。

3.2.3 技术化

崔笑声在《消费文化·室内设计》中提到："技术是当代设计进步的重要推动力，将材料技术、工艺革新与设计观念相结合是当代设计的趋势。"科技为餐饮空间的发展带来了新的亮点，越来越多的新技术、新材料被应用到餐饮空间设计中。技术是艺术形式的重要支撑，将审美关注从形式逐渐转换为技术层面，使技术与艺术达到真正意义上的统一，而非表面的技术化（图1-3-3）。智能化餐饮空间突破了传统企业的经营理念，拥有更多的科技元素，有助于提升空间设计的品质感和人文感。例如iPad点餐、智能灯光控制系统、触摸屏交互终端、微电脑餐厨设备等，为餐厅塑造了时尚、高端、优质的品牌形象，提高了餐饮环境的舒适性及安全性，增进了顾客的信任度。随着未来餐饮空间的智能化程度的提高，可能会在"未来餐厅"中出现虚拟服务、可变环境等智能化设计元素，但无论怎样发展都应是在环保化、人性化、经济化的理念支撑之下的。

3.2.4 主题化

主题餐饮空间逐渐成为餐饮空间设计发展的新方向（图1-3-4）。主题餐饮空间通过对顾客消费心理及市场环境的分析，围绕特定主题确定相应设计形式及服务形式，以独特的就餐环境使就餐成为一种全新的消费体验，引起人心灵上的共鸣，餐饮空间主题化将饮食文化演变为一种消费文化。设计为餐饮企业提供的不仅仅是图纸，还需要通过设计树立品牌形象、推广品牌文化、制定服务营销策略等，使得餐饮企业在市场竞争中获得更多的文化附加值。主题餐饮空间设计为创建与发展餐饮企业品牌效应提供了一种可能性，强调了设计与服务的重要关系，为餐饮行业注入了新的活力，促进了餐饮行业的结构调整。

图1-3-3 "蝶·1903"餐厅大堂设计 梁志天 技术与艺术的完美统一

图1-3-4 以蝴蝶为创意主题的餐厅设计 李浩澜

第四节　餐饮空间经营业态

　　近几年，休闲餐饮的概念逐渐渗透到人们的生活中，涵盖了餐饮空间的氛围、经营品种、营业时间、服务方式等方面，根据顾客需要，营造出或优雅浪漫、或古朴自然、或新奇刺激的就餐氛围，既满足就餐需求，又能放松心情。时间的随意性和服务的灵活性也是休闲餐饮的经营特点。

　　餐饮空间的业态模式正朝着综合化、复合化的方向发展，将餐饮空间与书店、网吧、住宿等经营模式相结合。如"网鱼网咖"就是将网吧与咖啡厅结合到一起，模糊了两种不同经营业态之间的界限，加强了顾客的空间体验感（图1-4-1）。

图1-4-1　"网鱼网咖"杭州店
将网吧与咖啡厅经营模式融合到一起，营造出一种如就餐般温馨而轻松的娱乐体验环境

　　餐饮空间多元化的经营业态结构，决定了其难以采用一致的经营模式。餐饮空间的经营业态可分为连锁快餐、普通型餐饮、休闲餐饮、酒店餐饮、火锅店、西餐厅、咖啡厅等。以麦当劳快餐为代表的连锁经营模式，经过几十年的发展已经成为餐饮行业的主导模式。餐饮空间连锁经营是社会发展到一定阶段的客观趋势，其市场潜力很大。我国餐饮连锁经过近十年的学习和发展，其中快餐连锁成为目前我国发展规模最大的业态形式，但因管理水平滞后并没有出现太多优秀的快餐连锁企业。中式餐饮要发展和壮大首要解决的是标准化问题，这是同一品牌下不同餐厅提供相同口味产品以及快速扩张的需要，中餐与西餐相比实现连锁难度较大，特别是在菜品上和味道上很难实现严格的标准化，知名企业在积极推广直营连锁或特许连锁经营模式，成为行业连锁的骨干力量。如中式快餐"真功夫"，其运营的每个细节几乎都有据可查，且尽可能使用机器来统一产品。菜单几乎一样，只有少量的差异化产品，以适应当地顾客的饮食文化和口味（图1-4-2）。

图1-4-2 "真功夫"中式快餐连锁店
主打美味、营养的原盅蒸汤、蒸饭

第五节 餐饮空间分类

餐饮空间是指专门为人们提供餐饮相关活动的经营性场所，在广义上属于商业空间范畴。餐饮空间顾名思义，"餐"以餐厅为代表，"饮"包括酒吧、咖啡厅、茶楼等经营冷热饮食为主的场所。餐饮空间按照不同的分类标准可以分成多种类型。

5.1 按空间规模划分

（1）小型餐饮空间
一般指100m²以内的餐饮空间，功能设置相对单一，强调环境气氛及特色的营造。
（2）中型餐饮空间
一般指100~500m²的餐饮空间，是餐饮空间最为常见的类型。功能设置较复杂，除了气氛的营造外，还要进行功能分区、流线组织以及一定的围合处理。
（3）大型餐饮空间
一般指500m²以上的餐饮空间，需特别注重功能分区和水平及垂直方向的流线组织，以提高其服务效率和使用效率。

5.2 按空间类型划分

（1）独立式单层空间
一般为小型餐厅、酒吧、茶馆常用类型。
（2）独立式多层空间
一般为中型餐厅、酒吧、咖啡厅常用类型。

（3）附属于建筑中

一般为城市综合体、商场或酒店内餐饮空间常用类型。

思考与练习

1. 餐饮空间设计的定义是什么？

2. 餐饮空间设计的发展趋势是什么？

3. 餐饮空间目前常见的业态形式是什么？

4. 餐饮空间的类型有哪些？

5. 考察报告：选择一处餐饮空间项目，用摄影、速写等方法将考察过程中的所见所感记录下来。

6. 准备一个册子，将作业过程中所有相关资料及创意衍变过程以图形、文字的形式完整记录下来，可通过手绘或剪贴的形式完成。

第二章　餐饮空间设计与人体工程学

人体工程学（Ergonomics），又叫人机工程学或工程心理学等，是一门涵盖了人体科学、环境科学、工程科学等诸多门类的技术学科。按照国际工效学会所下的定义，人体工程学是一门"研究在工作中、生活中怎样统一考虑工作效率、人的健康、安全和舒适等问题的学科"。人体工程学以人的生理、心理和行为特征为基础，通过研究"人—机—环境"三大要素之间的关系，以提高"人"对"机"的使用效能并创造安全而舒适的空间"环境"（图2-0-1）。人体工程学起源于20世纪40年代后期的欧美，最早应用于第二次世界大战中武器的设计与使用，为了使人更有效地操作并尽可能使人在使用过程中减少疲劳，第二次世界大战后逐渐应用到建筑室内设计中。餐饮空间设计要创造舒适的室内环境需采用科学的手段，了解人在环境中的行为状态，正确处理人、物与环境之间的关系。人体工程学是餐饮空间中各种空间尺寸设计的依据和标准，主要包括人体尺度、心理和生理要求两部分，这两部分都有各自合理的数值及评判标准。

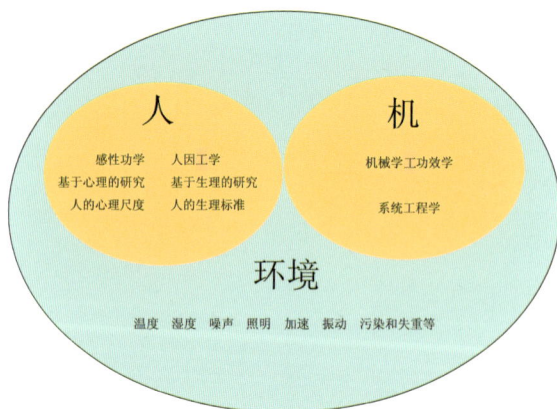

图2-0-1　人体工程学研究体系

第一节　餐饮空间设计中的基本尺度

1.1 人体尺度

尺度是设计中最基本的"人—机"问题，同时也是人体工程学最早开始的研究领域。"人"是设计的主体，人体尺度是人体工程学中最基本的数据之一。人体尺度以人体构造尺寸为基本依据,通过测量人体静态及动态的各部位尺寸用以研究人的形态特征,确定人在空间中的舒适范围和安全限度。餐饮空间设计离不开尺度要求,了解人在空间中的姿势、活动范围及各功能尺寸作为设计的基本依据,在设计时需考虑人的静态尺度和动态尺度。

1.1.1 静态尺度

静态尺度又称结构尺度,是人体在静止条件下所测得的尺度。静态尺度以人体构造的基本尺寸为依据,主要用以设计工作区间的大小。静态尺度计测可在坐姿、立姿、跪姿、卧姿四种基本形态上进行,每种基本姿势又可细分为各种姿势。如坐姿包括后靠坐姿、高身坐姿(座面高60cm)、低身坐姿(座面高20cm)、作业坐姿、休息坐姿和斜躺坐姿六种。静态参数可解决设计中有关人体尺度的问题,依据上述坐姿测量数据可在设计餐饮空间座椅时,综合考虑椅面高度、靠背角度、扶手高度、软硬度等影响座椅舒适度的设计因素。另外,人体尺度因不同国家、民族、地区、年龄、性别等的不同而存在较大的差异。据2000年中国国民体质监测公报中的身高统计数据,中国成年男子平均身高为169.7cm,中国成年女子平均身高为158.6cm,图2-1-1为中国成年男女基本静态尺度。

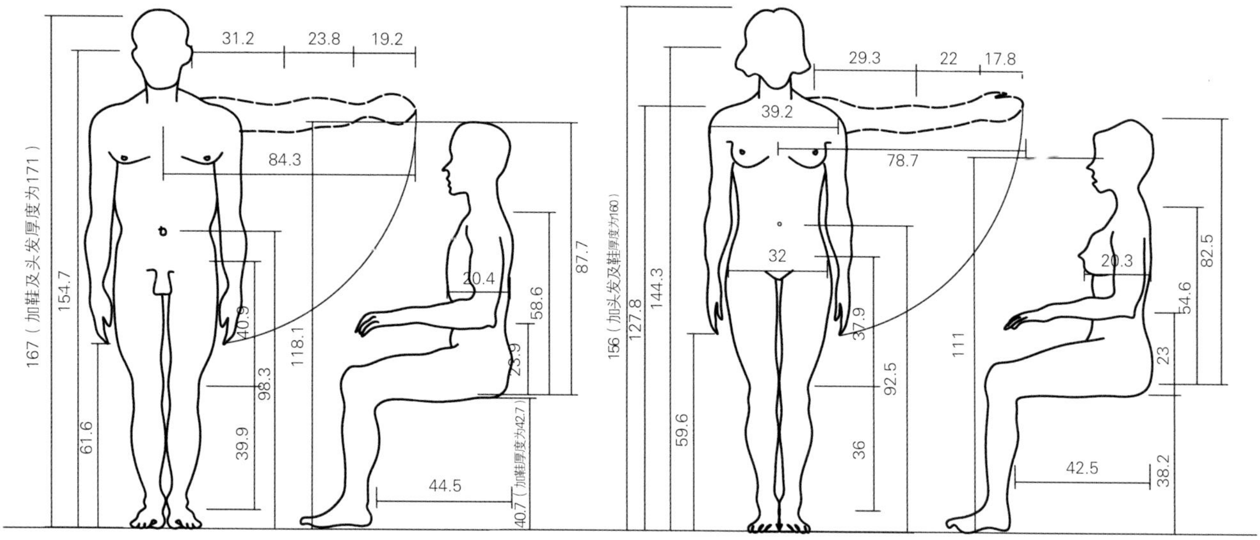

图2-1-1 成年男女基本静态尺度(单位:cm)

1.1.2 动态尺度

动态尺度又称功能尺度,是受测者处于执行各种动作及各种动作幅度所占空间的尺度。人们在从事某种活动时,并不是静止不动的,大部分时间处于活动状态,因此人在不同姿势活动时人体的活动范围是研究的重点。动态尺度可分四肢活动尺度和身体移动尺度两类,前者是在身体位置没有变化的情况下上肢或下肢活动,后者包括姿势改换、行走和作业等活动。在任何一种活动中,人往往需要通过水平或垂直方向两种或两种以上复合动作来完成目标行为,动作具有协调性及连贯性的特点。在餐饮空间中依据相关研究数据,可作为餐饮空间通道、隔断、服务设施等的设计依据,解决不同层次的需求，以最有效的方法满足人与人、人与物、人与环境之间的交流。

1.2 人体尺度在餐饮空间设计中的应用

餐饮空间中的基本尺度涉及人体工程学这门学科，它是人在室内活动中所需空间、家具、设施、布局等设计的主要依据。人体工程学在餐饮空间设计中的应用是设计人本化的体现，更是细节品质化的表现，更好地提升了餐饮空间的档次及顾客的满意度，创造出便利、舒适、安全的室内环境。例如很多餐厅为了给顾客更好的就餐关怀，还为婴儿专门提供了座椅。

1.2.1 客席形式及尺度

客席是顾客就餐时的基本设施，其规格尺寸必须符合人体坐、立、行走时的要求。人体尺度是客席设计的重要依据，而餐座面积则是餐饮空间设计的基本单位和计量标准，它包括就餐者的座位面积与活动面积，以平方米/座表示。客席形式根据餐饮形式与就餐人数的不同可分为方桌、圆桌、长桌、卡座和柜台席等，其组合构成、尺寸参数及餐座面积见表2-1-1，餐厅坐势占用空间尺度见图2-1-2。

表2-1-1　不同类型客席形式及尺寸参数

餐桌形式	布置形式	尺寸参数 （mm）	餐座面积 （平方米/座）	备　注
方桌	垂直布置　　45度倾斜布置	4人　780~900	0.7~1.2	常用于咖啡厅
圆桌	16人以上 14人 12人 10人 8人 6人 4人	4人　900	1.3~1.5	常用于咖啡厅
		6人　1100 8人　1300 10人　1500 12人　1800	0.9~1.3	常用于餐厅
		14人　2400 16人及以上　3000	1.0~1.1	常用于宴会厅
长桌		2人　长800~1000 宽600~650	1.3~1.5	—
		4人　长1000~1300 宽700~850	1.0~1.1	餐厅所占比例最多
		6人　长1400~1500 宽750~1000	0.8~1.2	—
		8人及以上　长≥2200 宽800~1000	0.8~1.1	常用于西餐厅

（续表）

餐桌形式	布置形式		尺寸参数 （mm）	餐座面积 （平方米/座）	备 注
卡座	常规形式			0.7～1.0	常用于餐厅
	变化形式			0.7～1.0	
柜台席				0.5～0.7	常用于酒吧、餐厅

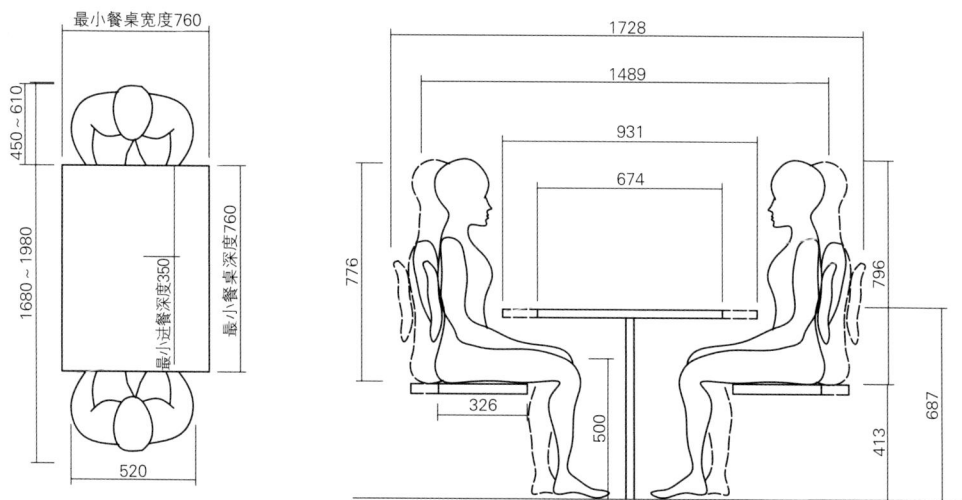

图2-1-2 餐厅坐势占用空间尺度（单位：mm）

1.2.2 通道尺度

餐饮空间中通道的宽度是按人流股数计算的，每股人流以600mm计算，根据通道的通行频率可分为主通道和次通道。一般来说，餐饮空间中的次通道应通过1～2股人流，主通道应通过2～4股人流，不同布置方式有不同的通道尺度（图2-1-3），用餐区域也有不同的通道尺度（图2-1-4）。

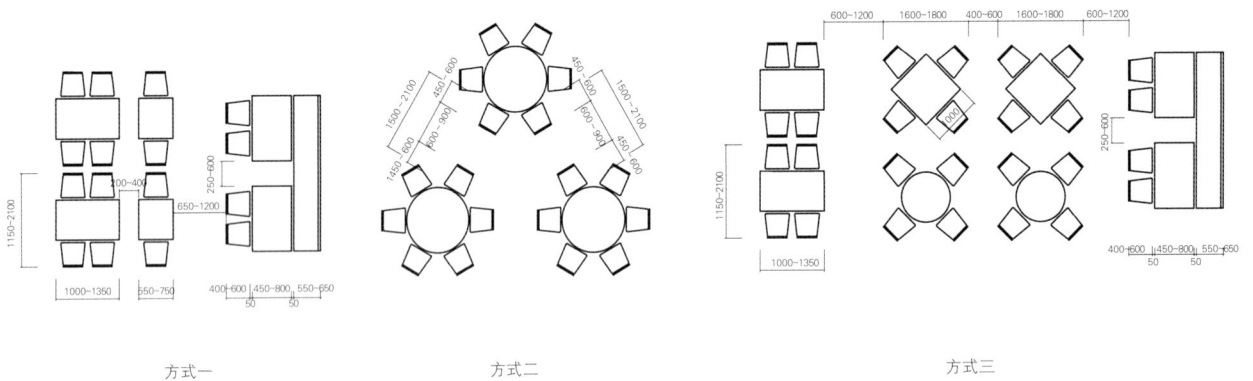

方式一   方式二   方式三

图2-1-3 不同客席布置方式通道尺度（单位：mm）

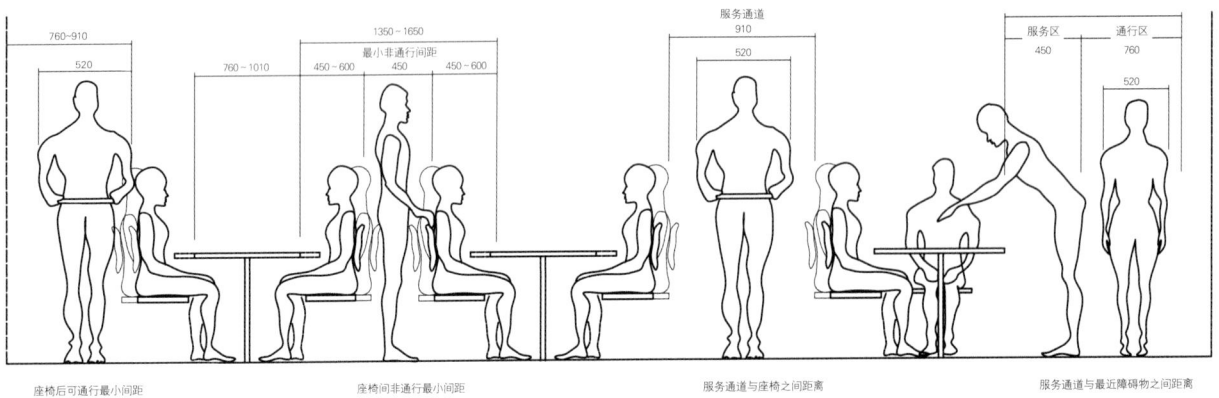

座椅后可通行最小间距   座椅间非通行最小间距   服务通道与座椅之间距离   服务通道与最近障碍物之间距离

图2-1-4 用餐区域通道尺度（单位：mm）

第二节　餐饮空间设计中人的行为心理

　　人的活动来自内部的心理活动和外部的行为活动，两者既有区别，又相互联系，人在空间中的行为活动是受人的生理和心理活动影响的，即人的行为是心理活动的外在表现。餐饮空间是以人体尺度及心理尺度来衡量空间的，了解人的行为特征是餐饮空间设计的基础。餐饮空间属于服务型空间，其设计应立足于解决人与物之间的关系问题，在了解人的消费心理基础上，满足不同层次人的心理、生理和行为要求。

2.1 餐饮空间设计中的人体感觉机能

2.1.1 感觉与知觉

　　感觉是人脑对直接作用于感觉器官的客观事物个别特性的反映。人在进入和认知某个陌生环境时，总是通过人的感觉系统来实现人与环境的交互作用。人与环境除了直接发生外部感官作用而产生的视觉、听觉、味觉、嗅觉和肤觉"五觉"外，还有反映自身内在感觉的本体感觉。感觉是人的感觉器官受到内外环境的刺激，将其转化为神经冲动，通过传入神经，将其传至大脑皮层感觉中枢而产生的。感觉是人复杂心理活动的基础和前提，利用这一特性，可以在餐饮空间设计中，通过形状、色彩、位置、远近、明暗等来对人的视觉形成一定的感觉刺激或利用声、光、电等现代技术手段加强刺激的冲击力，激发顾客的就餐兴趣（图2-2-1）。

　　知觉是人脑对直接作用于感觉器官的客观事物的某些统一特征和主观状况作出的整体反映。人脑中产生的具体事物的印象是由各种感觉综合而成的，知觉是在感觉的基础上产生的更为深入的反映，可分为空间知觉、时间知觉和运动知觉三种（图2-2-2、图2-2-3）。知觉具有恒常性、理解性和选择性，利用这一特性，根据人对以往的印象、经验去知觉当前的知觉对象，在餐饮空间中通过对主题性元素的有效提取，唤起人们的联想与回忆，使人触景生情，诱发顾客良好的情感反应，形成对主题空间完整的表达与诠释。

图2-2-1　特殊的造型设计容易引起人们的注意

图2-2-2　空间知觉特性是餐饮空间设计的基础

图2-2-3　利用运动知觉特性进行室内灯光的导向设计

2.1.2 视觉

视觉是人与外界联系的最主要途径，光、物体、眼睛构成了视觉现象的三要素，其中光是视觉的物质基础。在餐饮空间设计中应以满足人的视觉需求为目的来进行设计。

（1）视力、视角、视野

视力是眼睛对物体的分辨能力，视力与人的生理条件、年龄、亮度密切相关。其中，亮度不仅与光源强度和方位有关，还与周围环境的对比亮度有关。

视角是指被视物体两点光线投入眼球时的交角，它与视距及被视物体的两点距离有关。在设计中，视角是确定设计对象尺寸大小的依据。

视野是指视线固定时眼睛所能看到的空间范围，通常以角度表示（图2-2-4、图2-2-5）。视野概念对研究餐饮空间设计十分重要，如果各围合空间界面在视野范围内，室内空间就会显得局促而压抑，反之就会显得较宽广。

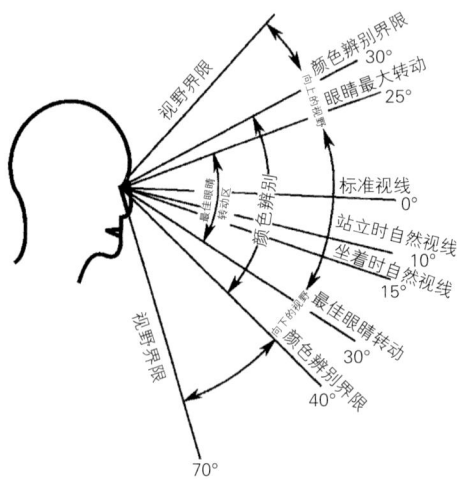

图2-2-4 垂直面内视野

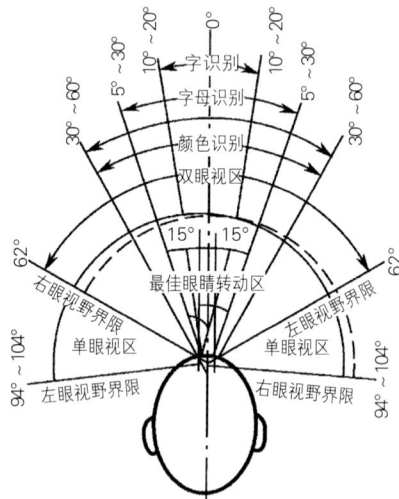

图2-2-5 水平面内视野

（2）视觉规律

人的视觉运动在垂直方向由于受到重力的影响，人们习惯于自上而下地观看，在水平方向由于文字受排列方向的影响，人们习惯于从左向右观看。除了观看相对静止的对象外，人们更多的是在运动中观察对象，如中国园林中"步移景异"的造园方法。这种多视角、多方位的运动视觉方式在空间设计中被称为"动线"。动线在餐饮空间设计中是加入了时间因素的空间轨迹变化，通过考虑顾客的心理及视觉因素合理地进行动线安排。

2.1.3 其他感觉机能

（1）听觉

听觉是仅次于视觉的重要感觉，人在正常情况下可以听到20～20000赫兹范围内的声音，在餐饮空间设计中主要考虑声音的传播与噪声的控制。在设计前应根据使用要求，指定出合理的声学指标，对餐饮空间内的各种音响、电视等要做到统筹安排，密切地与建筑、结构、设备等相关要件配合，以便经济合理地满足室内声学要求，为顾客营造一个良好的听觉环境。尽量采用低噪声设备，合理布置功能分区，使顾客尽量远离厨房等可能产生噪声的区域，选择合适的分隔设施，营造良好的就餐私密空间。另外，根据不同的就餐环境合理选择背景音乐，有助于创造良好的听觉环境，增强品牌的识别性，从而刺激顾客消费。

（2）嗅觉

嗅觉是一种较原始的感觉，是由环境气味刺激鼻腔里的嗅觉感受细胞而产生的。人在餐饮空间中离不开与菜品味道息息相关的嗅觉，缺少嗅觉进餐就没有味道。嗅觉还直接关系到室内空间的品质与健康，室内的微气候的好坏，又对人的进餐心情影响巨大。保持室内空气洁净和清新，除了避免厨房、卫生间的味道直接侵入就餐区外，关键是要加强室内通风和换气。在条件允许的前提下，尽量采用自然通风与空调和机械通风相结合的方法，维持室内空气的新鲜，将有害气体排出。对于室内绿化和装饰材料的选择，应尽可能选择花粉较少的植物及环保的装饰材料。

（3）肤觉

皮肤是人体面积最大的功能器官，具有调节体温、分泌及排泄的功能，它还可以对外界环境刺激产生触、热、冷、痛等各种肤觉特性。其中，触觉与室内空间设计最为密切，触觉的范围扩大到肌肉、关节甚至内脏，称为总觉或躯体觉。触觉和视觉一样，是人们获得空间信息的重要感觉通道。依靠触觉能辨别客体的大小、形状及相关物理特性，触觉信息同时还会转化成视觉信息。在餐饮空间设计中，需要考虑触觉特性的要求，如桌面、椅面等装饰材料的选择及栏杆、扶手、装饰细部的处理，甚至餐具的质感均要注意触觉的感受。

2.2 人的行为心理与餐饮空间布局

每个人所做所想都有两个方面，即行为和心理，两者既有联系又有区别。行为主要是用来描述人的外部活动的，心理主要是用来描述人的内部活动的，而人的行为是心理的外在表现，心理也会受到行为的影响。在餐饮空间设计中应重视人的行为心理对空间布局的影响，包括生理需求、安全需求、社交需求、自尊需求及自我价值需求等。

2.2.1 人在餐饮空间中的行为分析

人在长期的生活和社会发展中，逐渐形成了许多适应环境的本能，例如抄近路、向光性、左侧通行、从众性等行为习性。以人的行为习性为分析基础，而行为模式中的秩序模式、流动模式等是餐饮空间中空间尺度、内部功能及流线划分的依据。餐饮空间的行为模式分析，如图2-2-6、图2-2-7所示。

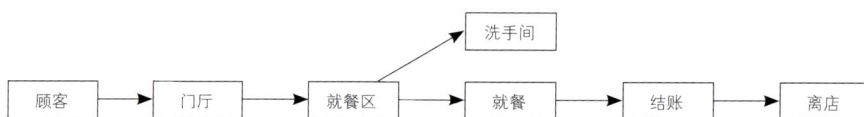

图2-2-6 餐饮空间中人的秩序行为模式
依据秩序模式进行功能区的划分，以满足使用要求

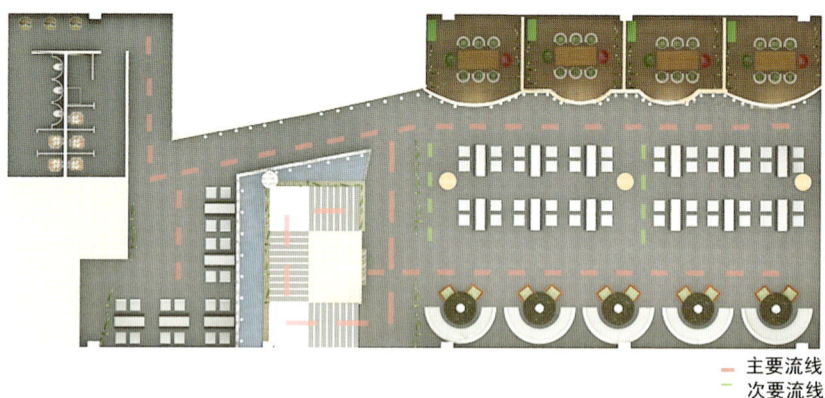

图2-2-7 餐饮空间中人的流动模式分析
反映出人在空间中的移动方向及流量情况

2.2.2 人在餐饮空间中的心理分析

（1）私密边界心理

心理学家德克·德·琼治提出了"边界效应"理论，他指出"森林、海滩、树丛、林中空地等的边缘都是人们喜爱逗留的区域，而开敞的旷野或滩涂则无人光顾，除非边界已人满为患""森林的边缘或背靠建筑物的立面有助于个人或团体与他人保持距离，并且不会影响任何人或物的通行，这样既可以看清一切，自己又暴露得不多，个人领域减少至面前的一个半圆。当人的后背受到保护时，他人只能从面前走过，观察与反应就容易多了"。

"边界效应"理论同样适用于餐饮空间的座席布局，当顾客进入餐饮空间时喜欢选择有靠背或靠墙的座位，其中有窗户的座位尤其受到欢迎，因为靠窗的位置能将室内外的空间尽收眼底。人们总是想方设法地让自己视野开阔，但自己又不在众人的视线范围之内，且不希望影响他人通行。基于这一心理特征，好的餐饮空间座席布局应尽可能利用窗，并制造各种"边界"以增加依托感，充分利用墙体、柱子、隔断等可隔绝视线、声音的设施，以保证就餐的私密性。除宴会厅是以团体用餐及交往为目的，餐桌可均匀布置四面临空外，其他类型餐饮空间应尽可能避免四面悬空的座位使人感到的心理不适，既保证良好的视线，又不被他人干扰（图2-2-8）。

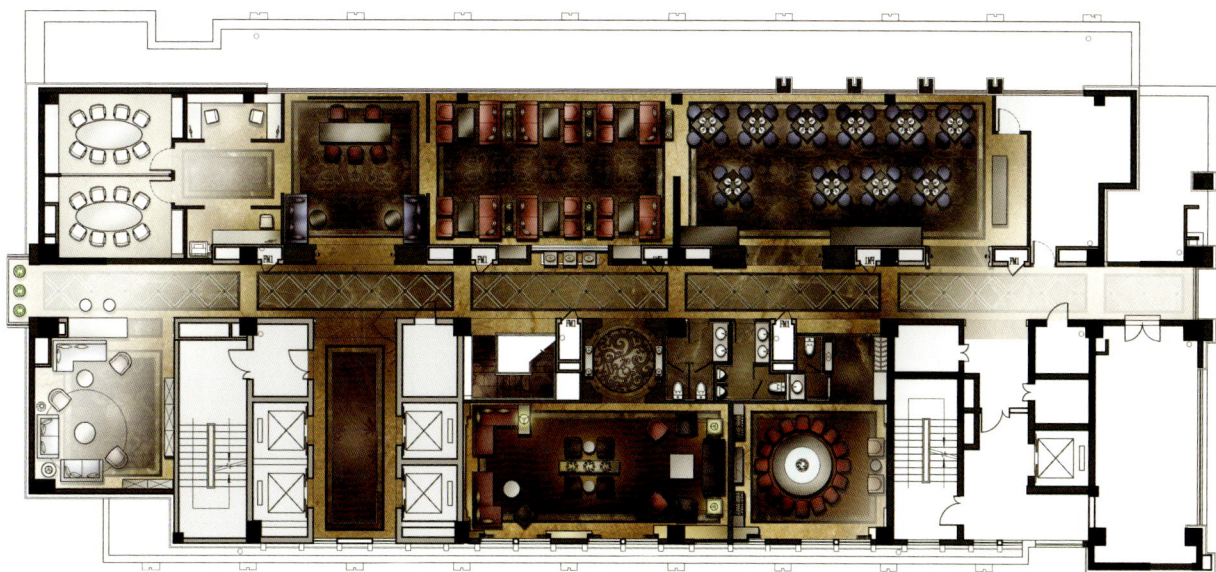

图2-2-8　某餐厅平面布置

（2）安全领域心理

人类学家霍尔（Edward T. Hall）认为，不同文化背景的人类起源都来源于相同的物种。他通过研究动物行为来研究人的空间行为。例如动物通过尿液来标记自己的领地，当有其他动物来侵犯时，进行搏斗或者逃走。霍尔认为人类也会标明自己的空间界限，人通过家具、墙壁或围墙来限定自己的隐私空间，即个人空间。霍尔将空间距离分为亲密距离、个人距离、社交距离和公共距离（图2-2-9）。但个人空间的大小因文化不同而差异很大，例如拉丁美洲人和南欧人都生活在"触摸"文化里，他们认为触摸别人并不是一种冒犯的行为，只是其空间文化中有关空间的习惯不同。

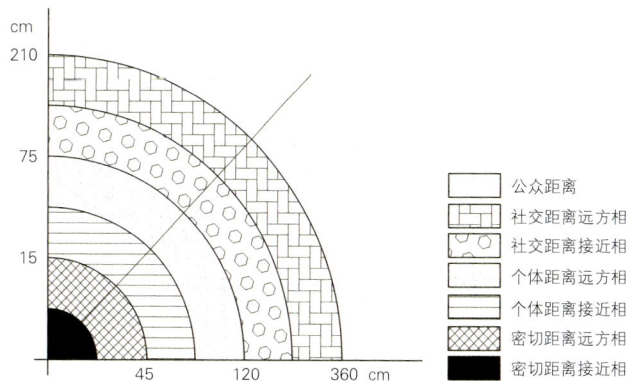

图2-2-9　人际距离

① 亲密距离（0～45cm），情侣之间的距离，在小的距离内，视线失真，声音极低，能感受到对方体温和气味。

② 个人距离（45～120cm），好友之间的距离，视力和声音同时起作用，感觉不到对方体温和气味。

③ 社交距离（120～360cm），不能轻易接触到对方的距离，只能依靠视觉和听觉，进行社会性的而非个人的交往距离，可忽略对方的存在，很容易从谈话中退出。

④ 公共距离（＞360cm），陌生人的距离，察觉不到表情及语调的细微变化，可看见对方全身，如观看话剧、在礼堂开会等。

根据上述理论可以总结出，人们在空间中根据其关系疏密程度会在心理上存在不同的交往距离，因此餐饮空间的座位布置应遵循这一原理，既要满足人与人之间的交往，又要保持适当的人际距离。餐桌的布置应多样化，以满足不同顾客人群的交往需求。可将餐饮空间分为若干个区域，划分出私密性极强且无别人干扰的包房、领域感及倚靠感明显的卡座、边界感及依托感明显的散座等。

2.3 餐饮空间就餐消费心理分析

不同环境的餐饮空间给人带来不同的心理价值感受，如何能让顾客欣然选择，又能在就餐后满意离去，最重要的就是对顾客消费心理进行研究。分析影响消费行为的因素，提供周到的服务与管理，准确的风格与定位，以此满足深层次的消费心理需求，刺激和引导顾客消费。

2.3.1 消费性格

性格是一个人最具代表性的个性心理特征。美国早期心理学家阿尔伯特（1897—1967）将人的个性划分为六种性格，依据各种性格特征演变为以下消费者类型（表2-2-1）。各类消费者的情况比较复杂，有的人有主见，有较强的独立性；有的人对产品更新比较迟钝，不易接受新产品；有的人愿意服从他人，从众心理较强等。因此，在餐饮空间设计中加强分析消费者的个性行为规律就显得尤为重要。

表2-2-1　各类消费者个性特征与营销策略

消费者类型	个性特征	营销策略
独立型消费者	独立性强、有主见、消费不受他人干扰	消费影响甚微
理智型消费者	目标明确、心思缜密、权衡利弊	顺其自然
顺从型消费者	缺乏主见、从众心理、服从性强	激发消费欲望
情绪型消费者	易受各种因素影响、随机性强	把握情绪变化、注重情绪感染力
保守型消费者	遵从传统、不易接受新事物	打消疑虑、积极引导
实惠型消费者	注重性价比、以效用和价值为标准	抓住购买心理、以价格引导消费

2.3.2 消费体验

顾客进入餐饮空间的主要目的是为了就餐，但也能通过视觉、听觉、嗅觉等多方面感官对餐饮空间环境做出反应，并迅速地展开思维分析活动，调整自己的意识行为。视觉作为审美的第一要素，对餐饮空间从外到内都会在视觉印象中存留。从顾客满足程度上看，商品接近或高于消费者期望，就会产生满意的消费体验。顾客的评价内容包括：① 商品质量、商品属性；② 商品形象、品牌形象、环境形象；③ 经营单位、服务质量等。

2.3.3 顾客满意度

顾客消费体验的满意与否直接影响到企业的盈亏，其衡量标准为顾客满意度参数。顾客满意度是指顾客对商品、服务以及相关因素的情感体验，这种情感体验会影响到顾客的消费行为。顾客对餐饮环境满意度的心理需求，从醒目而富有艺术构思的门面设计到形态优雅的室内设计，以及光线、色彩、服务人员热情规范的服务，甚至一张独具特色的菜单都会给顾客提供一种美的视觉享受，营造出独特的环境氛围，以吸引顾客的再次光临。顾客对餐饮环境的卫生也十分关注，包括卫生的食物、餐具、就餐环境等，只有保证了顾客的用餐卫生安全，才能让顾客放心用餐。

思考与练习

1. 试述人体工程学与餐饮空间设计的关系。
2. 餐饮空间中的人体尺度包含哪些内容？
3. 人的行为与心理对餐饮空间布局有哪些影响？
4. 试述人在餐饮空间中的消费心理内容。
5. 选择一处餐饮空间，对座席、通道、卫生间等尺寸进行测量，以图文形式表达出来，作为接下来方案设计的相关尺度数据参考。
6. 根据自己对消费者消费心理状态及相关尺度的理解，设计一个小型餐饮空间平面布局，条件自拟。

第三章　餐饮空间设计规划

本章是餐饮空间设计的重点章节，在明确了餐饮空间设计原则及定位的基础上，系统阐述了餐饮空间设计中的设计流程、功能划分、布局特点及流线规划等内容。

第一节　餐饮空间设计原则

现代设计文化中有一种现象，很多设计师在设计时仅仅是自我的主观表现，沉迷于空间风格及形式的探讨，完全忽视了所服务的对象，忽视了除空间设计以外的如经营、使用、可持续性等问题，最终变成了审美意识范畴的设计。设计实际上是一种实施行为，通过设计图纸将其变为一种可视化效果，为设计理念的交流、完善和实施的过程服务。一个餐厅的成功与其设计原则密不可分，其设计原则主要涉及三个方面，即经济因素、人本因素及技术因素。

1.1 经济化原则

餐饮空间设计必须从经济的角度去考虑，在了解经营者的投资能力和设计定位后，确定餐饮空间的规模和档次。餐饮空间设计要统筹兼顾，既要绿色环保，又要经济适用，在满足经济性的同时，不能以牺牲环境为代价，这是社会对餐饮空间设计的要求。从餐饮空间本身来讲，要提高经济效益，也要节约能耗，同时设计要具有超前性，在引领潮流的同时充分考虑餐饮空间今后的发展趋势，为日后的改进与完善留有空间，避免今后的重复性投入（图3-1-1）。

图3-1-1　设计应符合经济、环保的社会要求

1.2 人本化原则

　　餐饮空间设计需要立足于顾客的需求和喜好，真正了解顾客需求，从根本上给予顾客关怀。餐饮空间是向顾客提供餐饮产品及服务的立体化空间，其设计应注重实用性及合理性，满足餐饮空间使用要求，注重餐饮空间功能分区的划分、通道的尺度及送餐流程的便捷合理。空间设计应独特而新颖，强化设计在顾客心目中的形象，提高经济回报率（图3-1-2）。

1.3 技术化原则

　　设计发展到今天，与技术的发展密不可分。餐饮空间设计的实现需借助相关技术来满足各种需求。技术是艺术形式的重要支撑，将技术与艺术完美结合已成为餐饮空间设计的新亮点。装饰材料及装饰构造的合理化选择是营造空间的必要的物质技术手段，声、光、电及空调等技术是空间营造特定氛围和适宜物理环境的重要手段，同时经营管理信息化是餐饮空间技术化的重要途径。在餐饮空间中运用尽可能多的新材料、新技术，有助于塑造企业高端、时尚的品牌形象，增进顾客的信任度（图3-1-3）。

图3-1-2　现代餐饮空间设计，不仅仅是技术、视觉上的设计，更是心理、情感的设计

图3-1-3　技术的发展带动设计的创新与理念的更新

第二节　餐饮空间设计定位

　　餐饮空间应根据自身的市场定位和客户群体需求特点决定餐饮空间的规模、档次、装饰风格、服务模式等。

2.1 目标市场定位

所谓市场定位，主要是指企业为其产品确定市场地位，塑造特定品牌在目标市场的形象，使产品具有一定特色，适合一定顾客的需要和偏好，使目标市场通过广告及其他促销手段促进其发展，并保证目标市场具有足够的发展潜力和持续的经营能力，保持较强的竞争力。餐饮空间市场定位包括的内容很多，主要有形象定位、产品定位、价格定位、服务定位等，而对设计影响较大的主要是形象定位和产品定位。其中，形象定位包括餐饮空间的视觉形象和心理形象，视觉形象包括建筑外观设计、视觉识别系统设计（VI）（图3-2-1）、内部设计等，心理形象包括餐厅级别、档次等。产品定位可以明确产品特色，包括餐饮空间类型、规模等。

图3-2-1 餐饮企业标识设计作为企业文化重要的组成部分

2.2 目标消费群分析

餐饮空间中的目标消费群体是设计定位的第一要素，也是设计师进行设计的首要依据。不同消费群体对餐饮空间有着不同的消费要求，因此在设计之前需对餐饮空间的消费群体进行调查研究。在进行消费者分析的过程中，可以通过市场细分将庞杂的异质市场化分为多个同质的细分市场。市场细分主要基于以下两点。

（1）分析客户群体特征

分析顾客群体特征即针对其收入、生活方式、受教育程度、年龄、职业、消费心理、生活形态特征等因素来设定客户群体对象，用于分析相应客户群体的行为及心理特征。

（2）判断客户群体行为

判断客户群体行为即客户群体的消费动机是什么，是商务宴请还是朋友小聚，设计出满足其所需的餐饮空间环境（图3-2-2）。

情侣约会　　　　　　　　商务聚餐

家庭聚餐　　　　　　　　同学聚会

图3-2-2 客户群体行为分析 学生餐饮空间作业

2.3 选址分析

一个好的选址能够决定一个餐厅是否盈利。美国餐饮业的开创者埃尔斯沃斯·斯塔特勒说："对任何饭店来说，取得成功的三个根本要素是地点、地点、地点。"在选址时需考虑到以下条件。

（1）地区经济

一个地区的经济发展情况直接影响到人们可供支配的饮食消费情况。一般来讲，餐饮店适合选择在经济繁荣、经济发展较迅速的地方。

（2）文化环境

文化环境包括文化教育、民族信仰、文化氛围、社会观念等。一般来讲，文化环境浓郁的地方，对就餐的环境要求相对较高。

（3）自然环境

优美的自然环境有助于提升餐饮空间品质，同时自然环境、气候条件、光照情况等对餐饮空间设计也有较大的影响。如东北地区冬天较冷，在餐饮空间入口处需考虑防风保暖问题，如设置风斗、风帘等。

（4）竞争状况

了解同种或同类餐厅经营的情况，避免同种经营的恶性竞争，利用同类经营的竞争互补作用。了解竞争对手的重要信息包括经营目标、市场份额、服务质量、市场定位、营销策略等。

（5）地点特征

餐饮店的位置及所属地段特点，直接影响该项目的经营内容和服务内容。餐饮空间选址时可根据目标顾客群体的需求作为选址依据，还可以根据现有地点确定餐饮空间的类型和目标顾客群体。餐饮空间的地点情况可通过交通条件、用地条件、周边环境等进行分析。

第三节 餐饮空间设计流程

　　餐饮空间设计应在理性而明确的设计目的指导下，遵循一定的步骤和方法，循序渐进地展开设计。在设计过程中，要合理安排设计步骤，主动协调各方面关系，充分满足服务对象需求。

3.1 设计筹划准备阶段

　　在设计筹划准备阶段，需了解甲方设计需求，拟定具体设计计划，收集相关设计资料，并对资料进行研究和分析。

　　（1）调查分析现场情况

　　调查分析现场情况包括了解甲方需求、项目定位、经营理念、顾客分析、安全要求等。

　　（2）考虑各因素与餐厅的设计配合

　　考虑各因素与餐厅的设计配合包括现场实地测量验尺，场地与土建图纸核对，对空调、消防、排风、电器等设备及采光情况要有明确记录。

　　（3）对周边环境要有充分认知

　　掌握周边环境情况，并进行相关设计资料的收集与分类。周边环境情况包括土建周边环境（道路、建筑、景观、气候等），以及周边人群的生活方式、消费水平等方面。

　　（4）确定时间跨度及时间节点

　　在现实工程中，由于时间控制及管理不够，而导致工程项目无法按时交付所造成的经济损失案例屡见不鲜，因而尽快确定工程项目节点表，尽早锁定项目时间和预算就显得尤为重要。严格遵守预定时间，根据计划跟踪进度，通过资源协调、调整工作顺序等方法保证进度目标的完成。

3.2 初步设计阶段

　　经过前期的筹划准备阶段，开始正式进入餐饮空间设计创作阶段。这个阶段将前一阶段中的分析结果发展成为空间功能关系、平面布局、空间尺度、透视草图、设计模型等方面的系统表达（图3-3-1）。将甲方的要求与设想形成具体文字，以图纸和项目计划书的形式确定，并经甲方认同批准后进入下一阶段工作。

　　（1）确定设计概念及主题风格

　　设计概念与主题风格的确立是餐饮空间项目设计切入的重要一环，设计概念是设计的精髓所在，而主题风格则是设计最为显著的性格特征，设计概念及风格要素的提取和重构是对设计的具体诠释。每一个餐饮空间项目，都可以从不同的构思概念进行设计，从而形成风格迥异的空间设计效果。目前阶段由于项目正处于概念创意阶段，设计师应结合筹划准备阶段资料根据甲方喜好、需求及投资情况，在设计素材及现有优秀案例中寻找相关意向资料，为甲方提供参考。设计师不必拘泥于细节，可以从概念设计的主要特征方面表现，提出多套方案以备选择，并以提案的形式与甲方进行沟通（图3-3-2）。

前期定位分析

消费群体：年轻群体
项目地点：商场中某层
服务定位：非自助
经营定位：中高档中餐厅
市场定位：复古时尚、具有工业感
餐厅风格：现代复古、都市化、时尚
菜系：杭帮菜
设计衍变：六边形
灵感来源：六边形蜂巢

功能分析

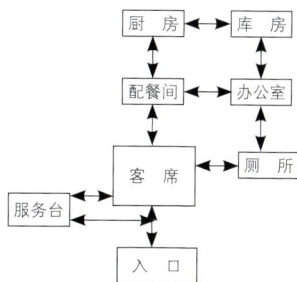

相关尺寸

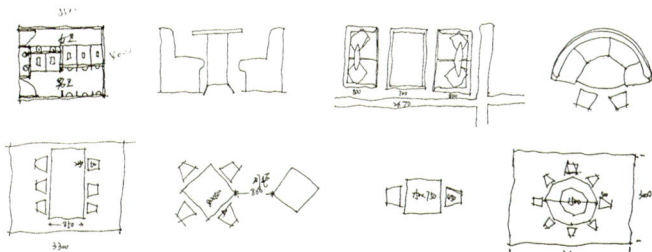

意向图

平面布置图

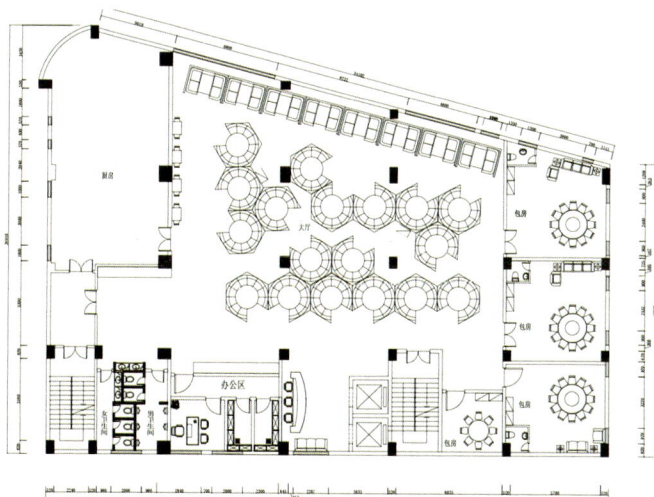

模型

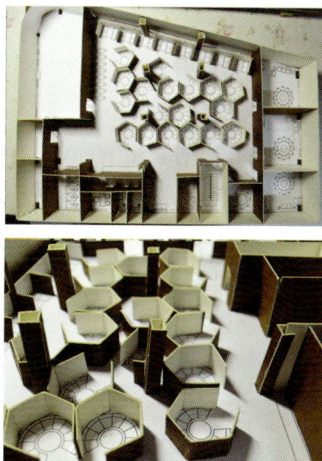

图3-3-1　项目方案初步设计阶段过程　闫会会

概念的提出

设计元素：

海浪 ➡ 提取形象 ➡ 提取元素

本次设计的构思将空间本身的地域文化关系作为设计定位，这种双向的文化即地域定位关系，决定了这个餐厅的空间氛围。本设计是在东方哲学文化基础上的衍生品，尊重空间的原始诚意，创造有诚意的空间感受。整个空间在塑造上起源于海上的浪花，木材质感的墙壁暗喻了东方内敛式的生活方式，顺应自然，就像《菜根谭》所讲，人生如嚼菜根，其实很简单，从容、淡定，哲学均在一草一木中。

演变成装饰元素 ➡ 装饰效果

意向图分析

图3-3-2　设计概念及设计意向图

（2）依据空间功能布局平面图

一个使用功能合理的餐饮空间设计案例，主要是在平面图的绘制过程中完成的。通过对餐饮空间"动""静"两种空间使用模式的反复推敲与论证，将其转化为合理的交通面积与有效的使用面积。功能区的划分是平面布局的第一步，设计师在平面布局阶段不仅要根据项目功能及功能之间的关系进行合理划分，还要考虑客观而理智的动线设计，并通过不同颜色来进行区别（图3-3-3、图3-3-4），同时消防设施、高尺度家具、采暖通风类型等功能技术因素对平面布局也有一定的影响。在分析的过程中可依据大量平面功能草图来解决在设计过程中的各种矛盾（图3-3-5），经过反复的对比最终得到符合功能要求的平面布置图（图3-3-6至图3-3-10），为下一步由平面向立体空间设计转化做好准备。

（3）设计方案透视及立面草图

设计师在此阶段就是将头脑中的想法通过视觉化语言表达出来，不必太在意方案草图的观赏性及准确性，更重要的是如何能快速记录概念创意，以方便与他人的交流与深化。但在汇报过程中，应尽量表达完善（图3-3-11）。

（4）汇审、修改、定案

设计师在这个阶段应与甲方讨论方案的修改意见及方案的完善。

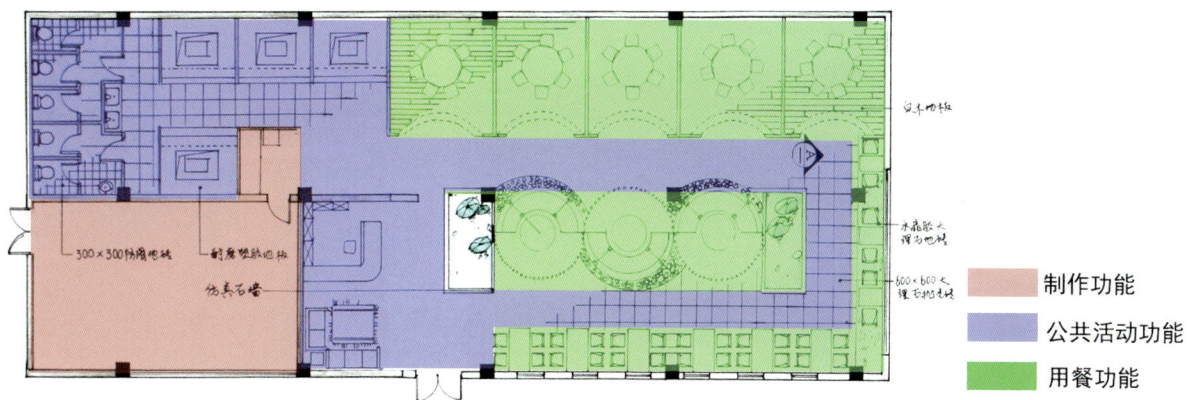

图3-3-3　功能区分析图

制作功能
公共活动功能
用餐功能

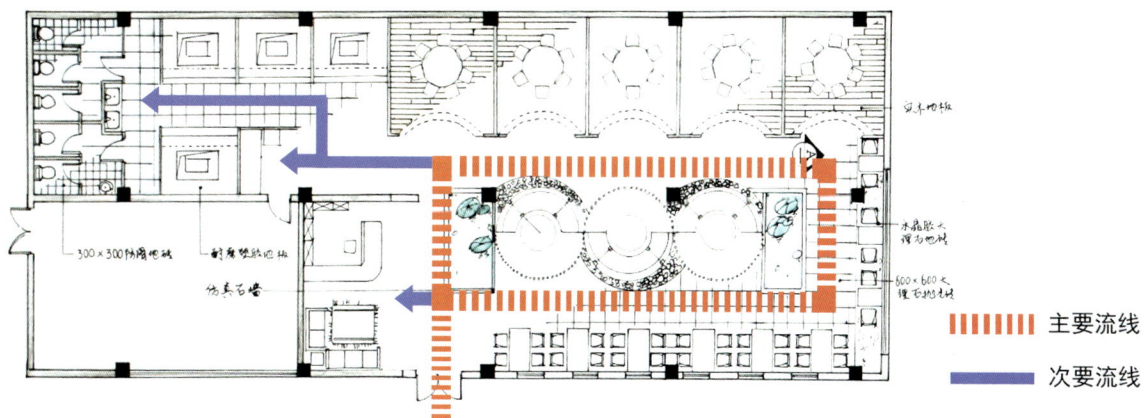

图3-3-4　流线分析图

主要流线
次要流线

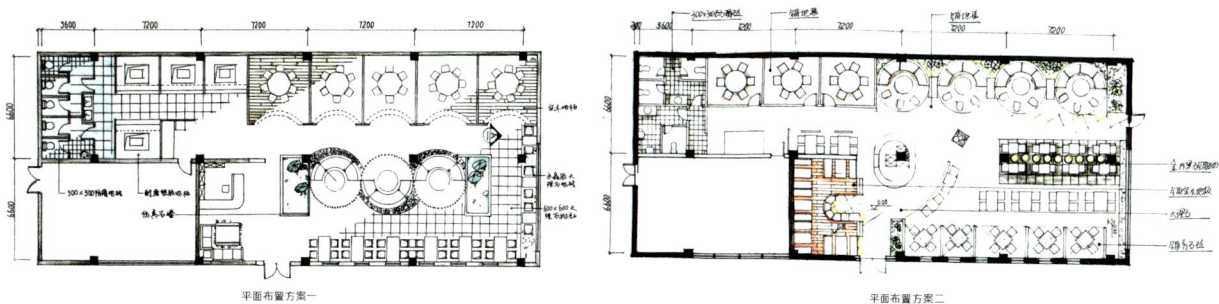

平面布置方案一　　　　　　　　　　平面布置方案二

图3-3-5　平面布置草图的推敲与完善过程（单位：mm）

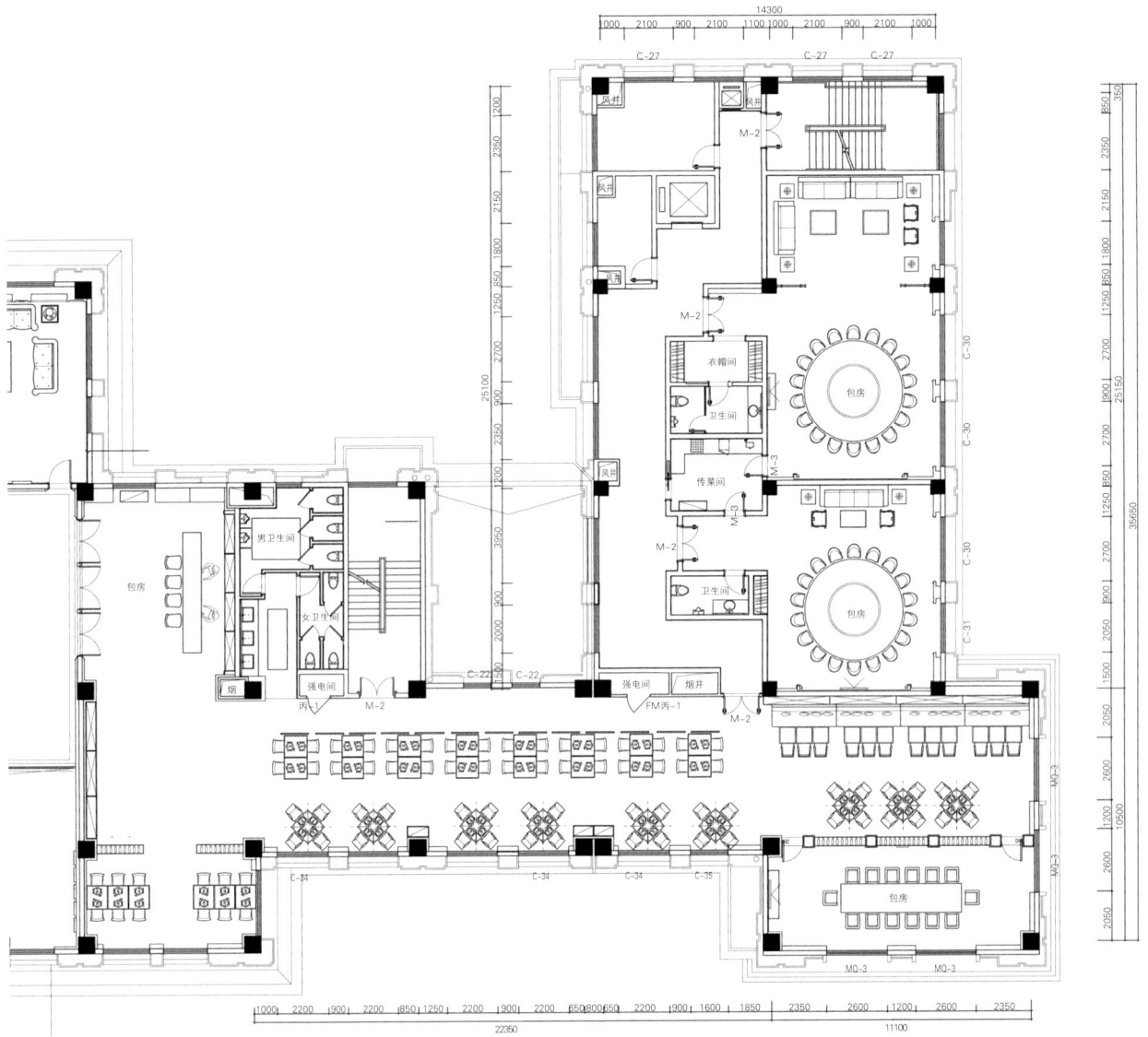

图3-3-6 "81号综合会所"三层中餐厅平面布置 李浩澜（单位：mm）

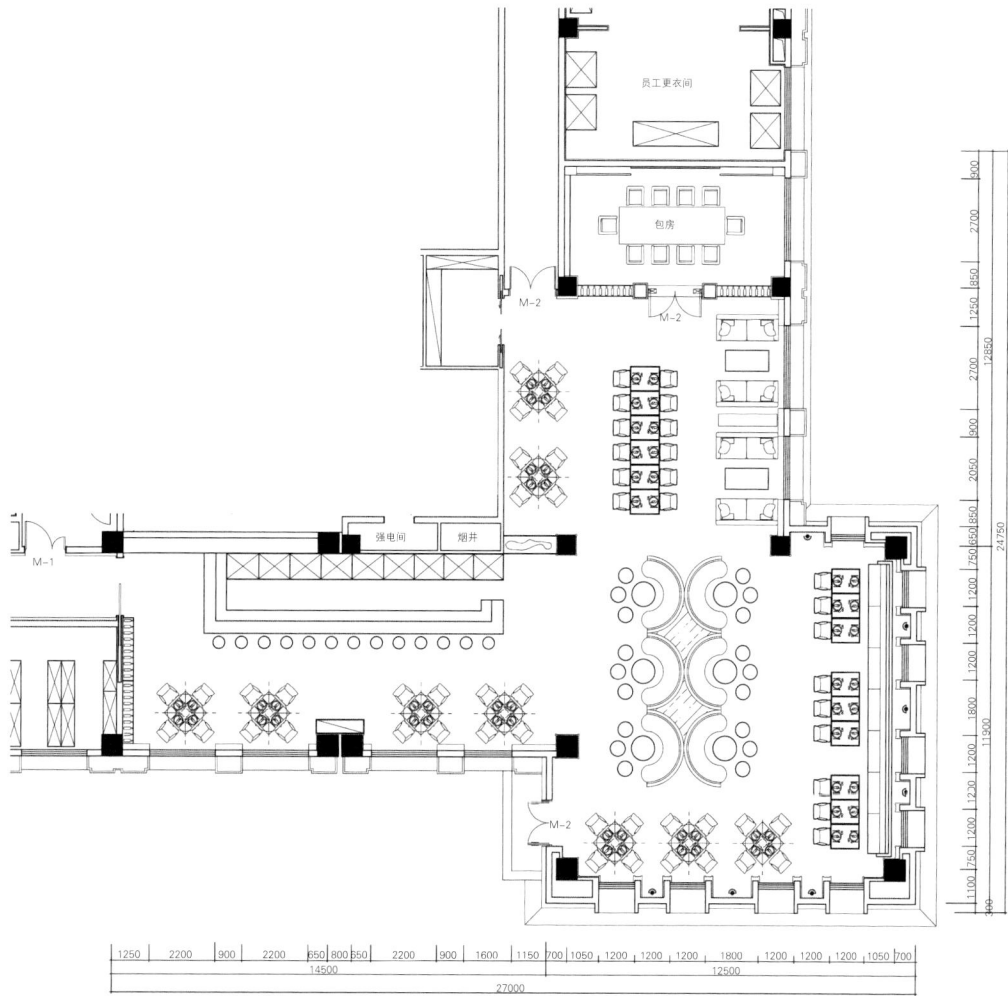

图3-3-7 "81号综合会所"一层餐厅平面布置 李浩澜（单位：mm）

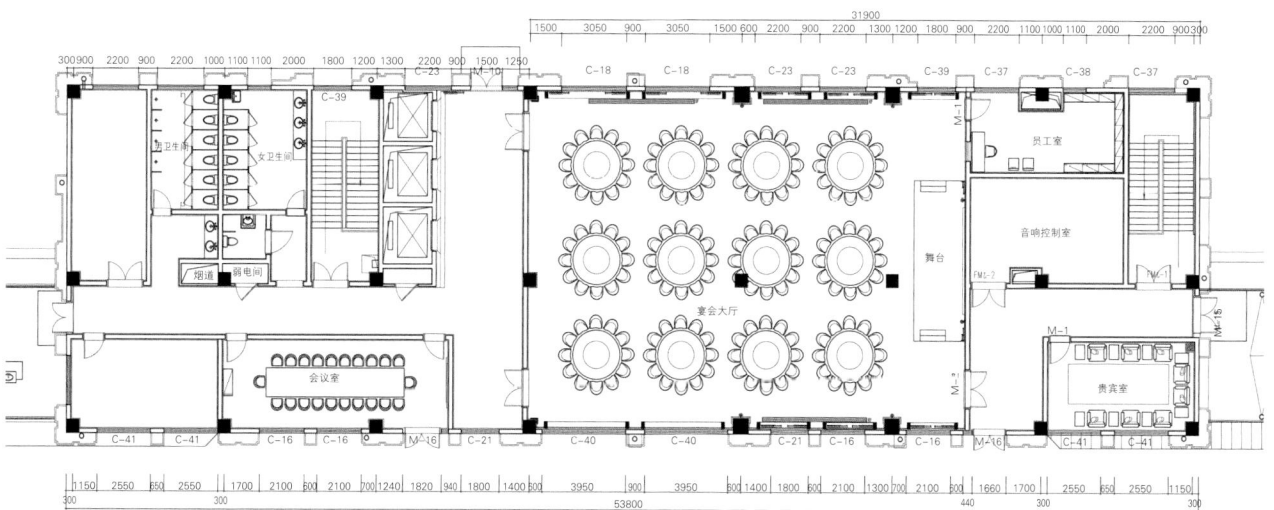

图3-3-8 "81号综合会所"五层宴会厅平面布置 李浩澜（单位：mm）

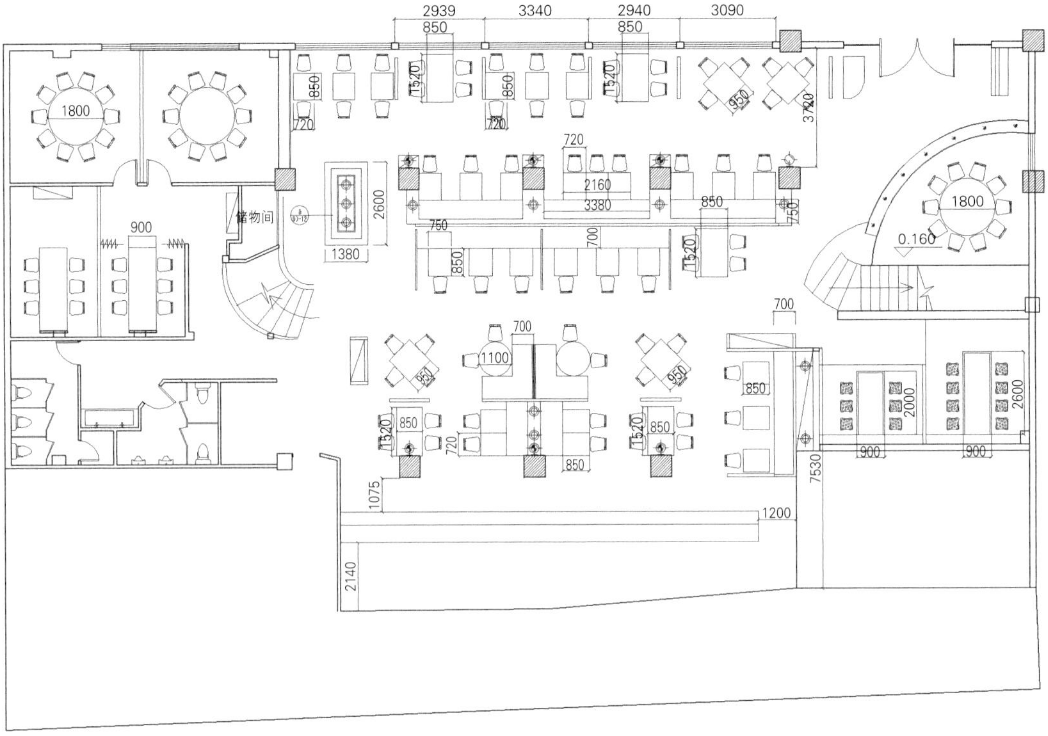

一层平面图
————————————————1:150

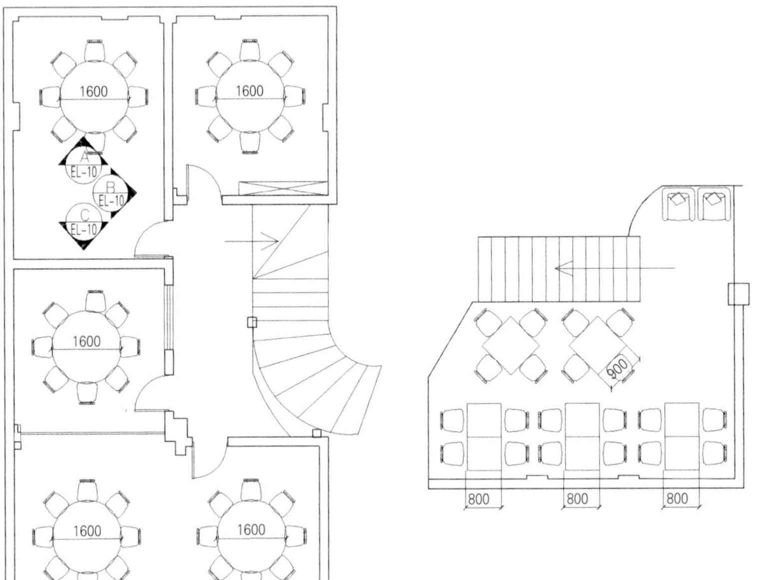

二层平面图
————————————————1:80

图3-3-9 "鸿霖时尚餐厅"一、二层平面布置 李浩澜（单位：mm）

一层平面布置图 SCALE:1/100

二层平面布置图 SCALE:1/100

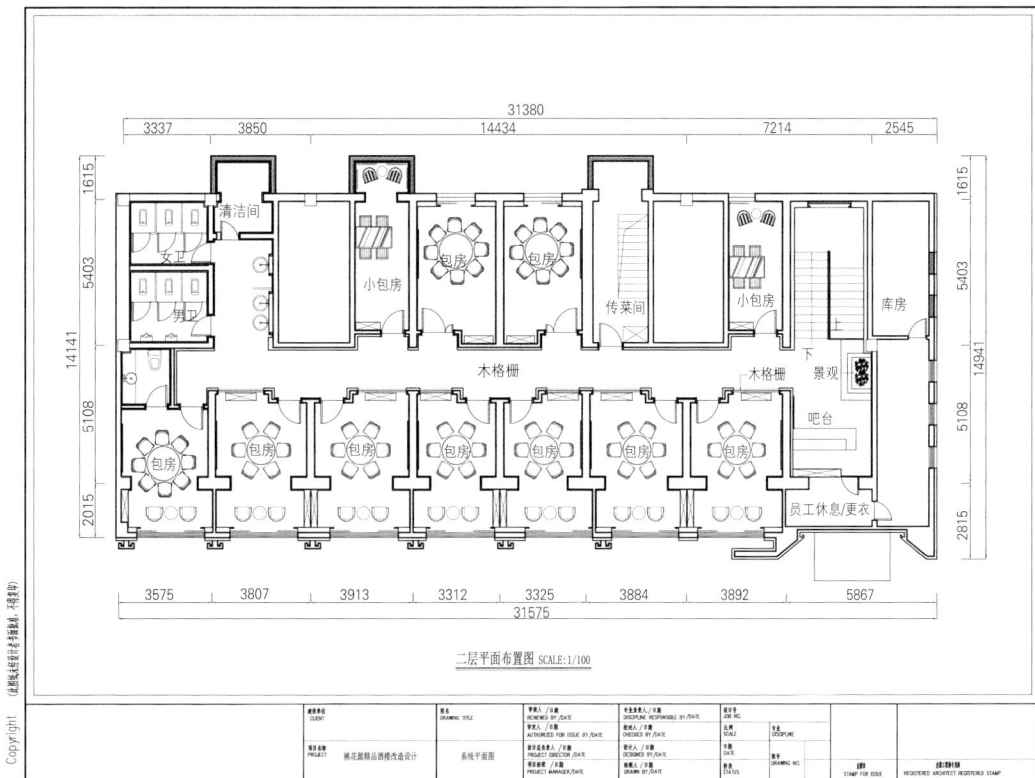

图3-3-10　"桃花源"餐厅平面布置（单位：mm）

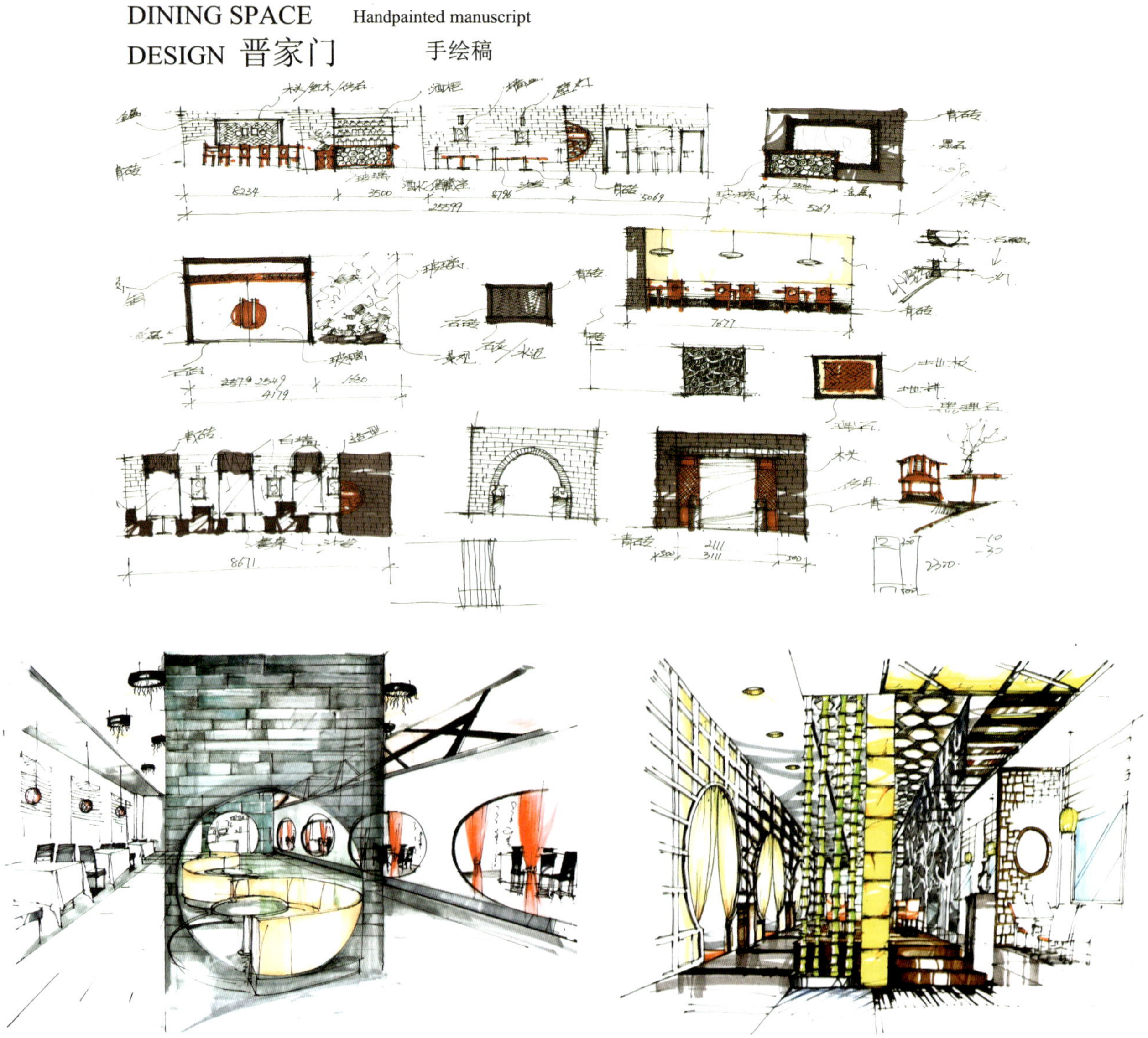

DINING SPACE   Handpainted manuscript
DESIGN 晋家门   手绘稿

图3-3-11 设计方案透视及立体草图

3.3 深化设计阶段

　　对获得甲方认同的设计草图和图纸进行深入开发，通过方案效果图的直观表达给人以最真实的印象，在经甲方审定合格后就可进入施工图设计阶段。在设计施工阶段，为确保设计意图更好地贯彻，在施工之前应进行施工交底并对相关图纸进行核对，在施工结束后应进行设计评估。

　　（1）方案设计

　　方案设计包括各主要空间效果图及外观效果图（图3-3-12至图3-3-14）。效果图的表现通常采用电脑三维制图的方式表达，图面效果的好坏会影响方案的表现，但它不是方案成功的决定因素，设计本身才是方案设计中最重要的因素。

图3-3-12 "81号综合会所"三层中餐厅设计 李浩澜

图3-3-13 "川渝食府"餐厅设计

桃花源炖品店设计

图3-3-14 "桃花源"餐厅设计

（2）深化设计

深化设计包括立面图、天花图、灯位图、节点图、机电系统图（包括室内给排水、电气照明、空调暖通等）、消防及监控系统图（包括消防喷淋、防火分区、防火墙、闭路监控电视等）（图3-3-15、图3-3-16）。施工图标准化的工程语言，不仅是设计意图的深化表现，也是施工及成本核算的重要依据。在系统施工图中，不仅要标注准确的尺寸信息，还要标出装饰材料、表面处理方法及结构工艺等信息。系统施工图通常采用电脑CAD软件绘制以保证其准确性，具有可修改、可复制、可储存等优点，而小型工程也可采用手绘制图与现场沟通相结合的简易方法。

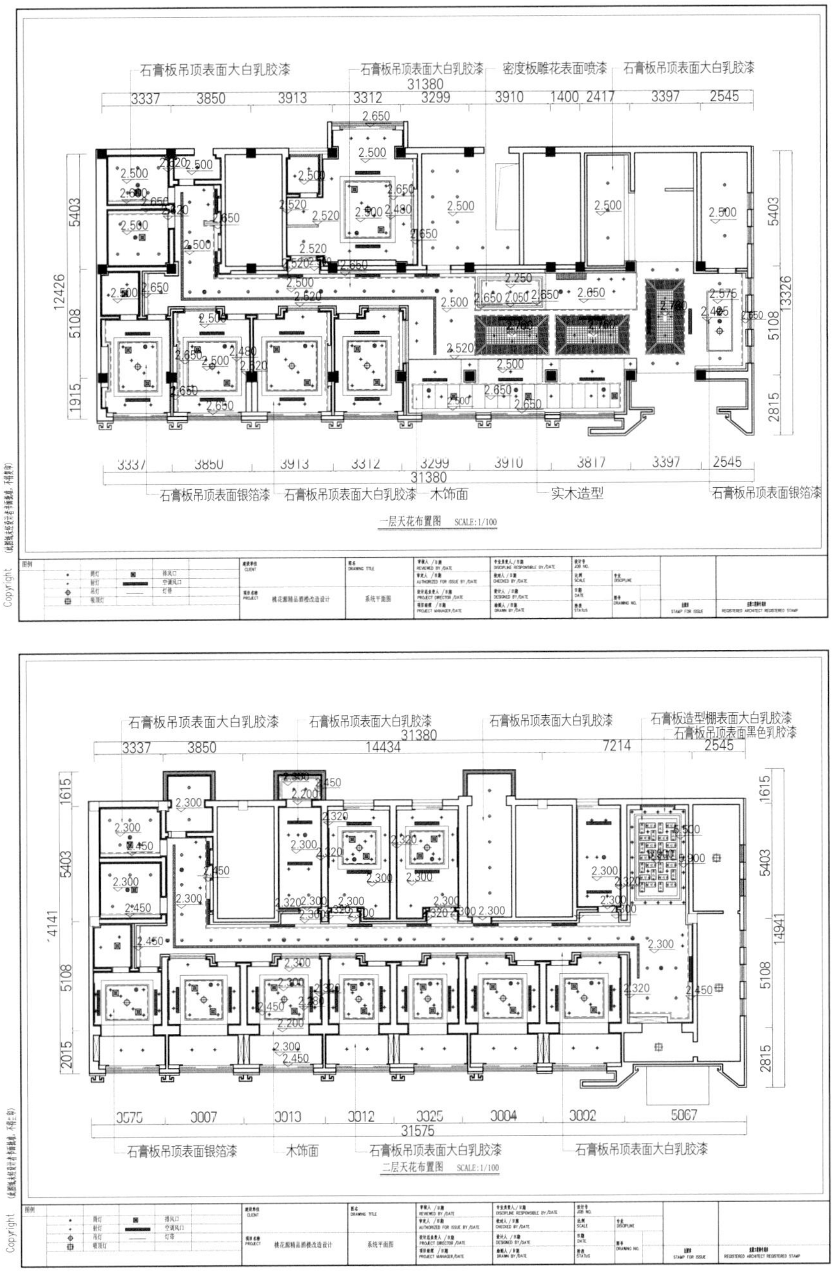

图3-3-15　"桃花源"餐厅天花布置（单位：mm）

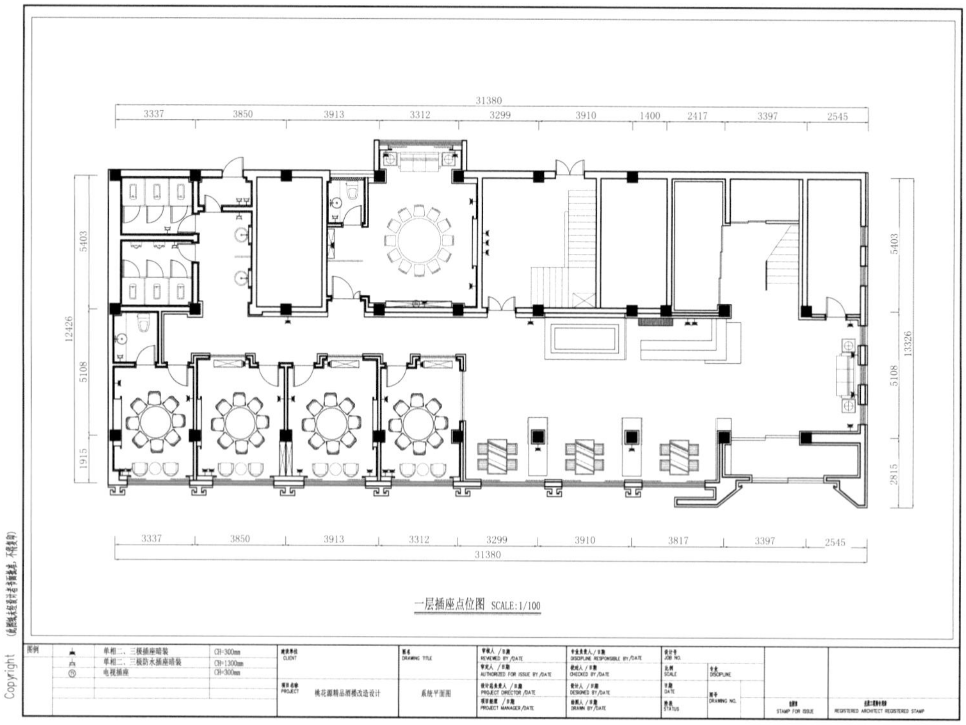

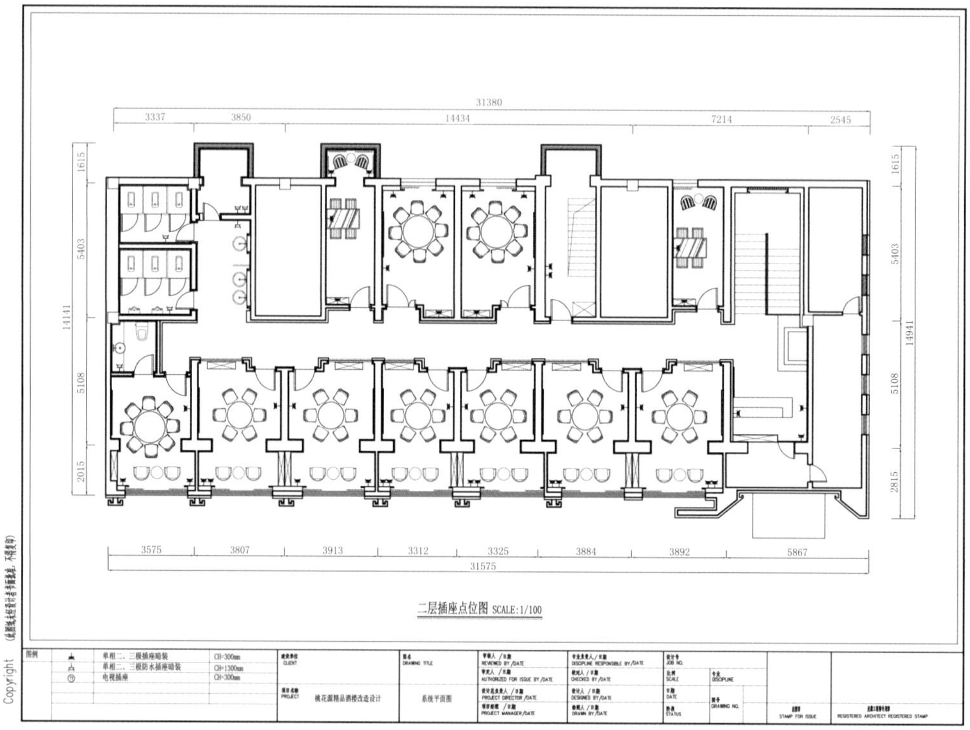

图3-3-16 "桃花源"餐厅插座点位（单位：mm）

（3）选定材料

选定材料包括根据施工预算及设计方案图纸中所表明材料的品牌、型号、颜色、规格等信息，选择相应的实物样板。材料实物样板对整个装饰工程项目的质量、预算、装饰效果都起到十分重要的作用，最终在项目中使用的装饰材料应在外观、品质、规格等方面符合实物样板的要求。

（4）跟进施工

跟进施工，包括施工进场、施工交底、跟进施工及施工验收。从理论上讲，工人施工可依据完善的施工图来进行，但为确保施工过程准确无误，通常由设计师就设计理念、完工效果及图中未表达清晰的材料、结构、细部尺寸等内容与工程技术人员做现场"交底"交流。交底过程最好有详细的核对表格，并对双方最终确认的要点及细节问题进行文字记录。设计师在跟进施工工程中，可根据现场实际情况及甲方要求对方案进行适当调整，保证项目最终顺利验收。

（5）选定家具和装饰陈设

选定家具及装饰陈设包括家具、装饰陈设、灯具等的定制及采购（图3-3-17）。

（6）设计评估

设计评估是设计过程中的重要组成部分，除考察设计是否符合相关评估标准及使用要求外，更重要的是设计能否达到甲方预期效果及顾客对环境和设施使用的真实反馈等，从而为设计师进一步完善设计方案积累经验。

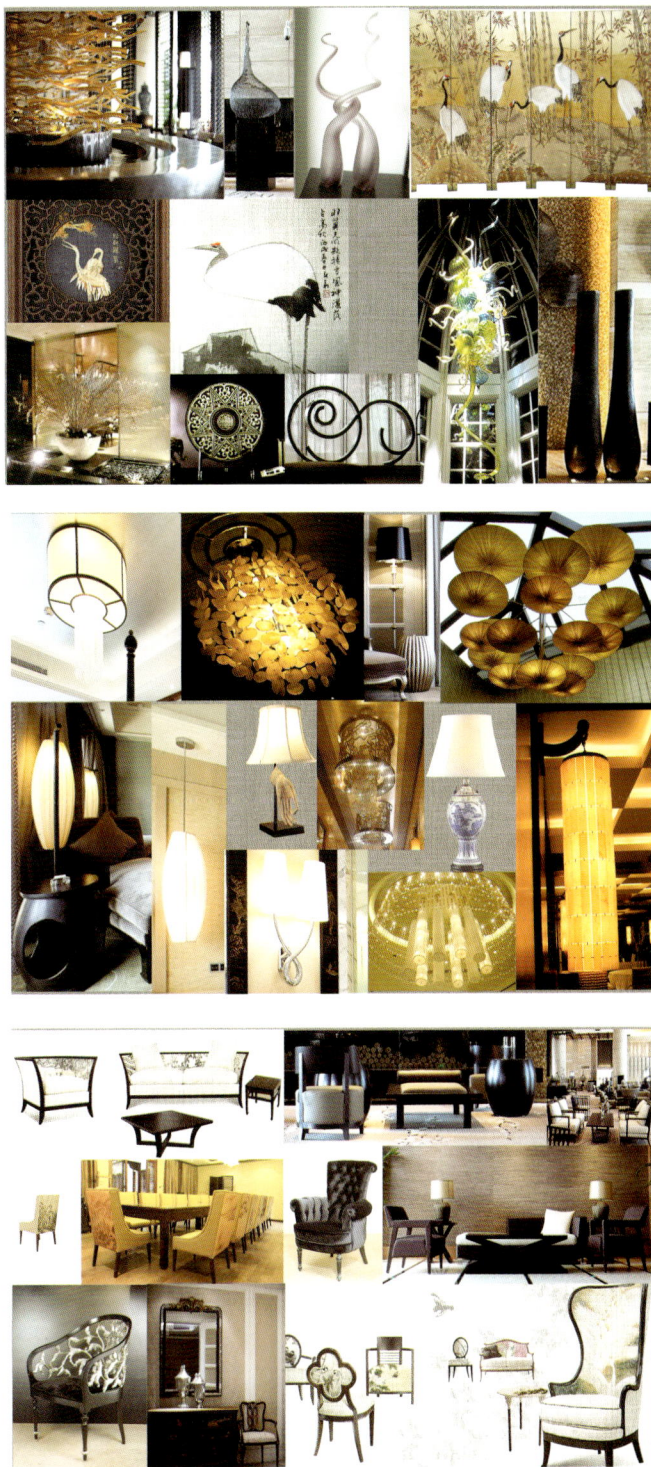

图3-3-17　某餐饮空间家具及装饰陈设参考

第四节 餐饮空间布局设计

4.1 餐饮空间布局特点

在进行餐饮空间布局时，首先要明确其经营定位，定位不同，功能要求、空间使用、设施安排就不同。设计时要兼顾动静分区及经营区与后场区，并以空间流线、面积等因素为设计依据，才能进行合理的布局。

餐饮空间的平面布局是餐饮空间设计的重要组成部分，通过平面布局可以解决各空间功能位置、大小、接待顾客人数等问题，同时空间布局的划分应该有利于保持不同餐区、餐位之间的私密性不受到干扰。就餐区与厨房相连时，应当进行适当的视线遮挡，以保证厨房的声音和灯光不影响就餐顾客。

4.2 餐饮空间客席布局及安排

客席是餐饮空间中的主要功能空间，是整个设计的重点。在餐饮空间中，客席的布局及安排往往同整个空间布局是一致的。首先通过空间设计将餐饮空间划分为若干个既有分离又相互流通的区域，然后在就餐区内布置相应客席，在不同区域内采用不同的客席形式，既为顾客提供了多样化的就餐选择，又增添了空间的层次感与趣味感。虽然客席布局可根据设计采用不同设计，但也要遵循以下几点规律。

（1）秩序感

适度规律变化的客席布局，不但能够产生井然有序的秩序美，更能合理而有效地利用空间。规律越单纯，秩序感就越强，但平面布局也就越简单，如把握不好容易单调乏味。反之，规律越繁复，秩序感就越弱，平面布局也就越灵活，如把握不好会凌乱无序。因此，在设计时要适度把握秩序感，使平面布局既富于整体感，又有趣味和变化。

（2）依托感

人们喜欢停留在有"边界"的地方使自己有所庇护，并为"个人空间"留有专有领域。因此，在设计餐饮空间客席布局时，尽可能创造有所依托的客席是空间布局的基本原则。除了宴会厅以外，应尽可能在餐桌一侧或多侧设置边界实体，如墙、柱子、隔断、帷幕、景观、水体、绿化等，使顾客在进餐时具有安定感和私密感，形成"个人空间"的小氛围。

（3）灵活感

不同的餐饮空间，顾客群不同，使用功能也略有不同，因此客席的形式应因使用需求而灵活设置，以满足不同顾客的要求（表3-4-1）。客席形式按照就餐人数可分为两人桌、四人桌、六人桌、八人桌、十人及以上桌等。客席形式按照餐桌形状可分为方形桌、长方形桌、圆桌、异形桌等。

表3-4-1　惠顾动机与相应人数参考表

惠顾动机	饥渴	恋爱	约会	商务会谈	小型会餐	中型宴会	大型宴会
人/组	1～3	2	2～6	2～10	4～20	30～50	50人以上

第五节　餐饮空间功能分析及要求

好的餐饮空间不仅要有彰显品牌个性的环境，更重要的要有实用而完善的功能。餐饮空间功能的数量和特点直接关系到餐饮空间的环境品质，其分区与需求主要由使用人群行为、空间尺度要求、空间使用要求来决定。

5.1 餐饮空间功能分析

在餐饮空间中，用餐的私密性与公共人流活动是其内部空间划分的主要依据。餐饮空间根据其功能的不同可分为用餐功能、公共活动功能和制作功能三种（图3-5-1）。

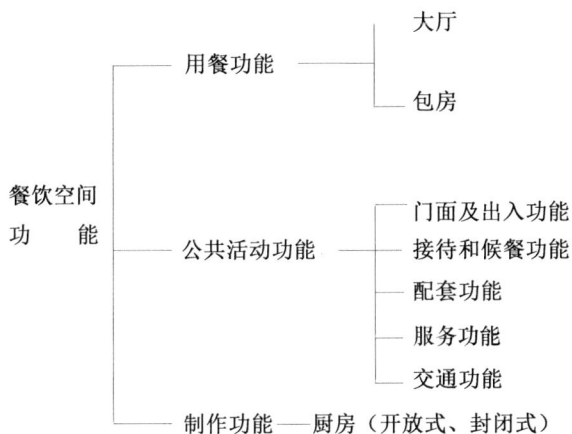

图3-5-1　餐饮空间基本功能

5.1.1 用餐功能

用餐功能是餐饮空间中最基本的功能，为了营造一个宁静而安逸的就餐场所，应特别重视对个人空间私密性的营造。餐饮空间根据顾客就餐私密性的不同，可分为私密空间和半私密空间两类。前者相对后者，其围合程度较高，渗透性较差，如包房、卡座等，避免相互之间干扰，创造大环境中的小环境。

5.1.2 公共活动功能

餐饮空间中的公共活动功能主要研究的是人与物的运动连续性与安全性问题，公共活动功能主要包括以下几种。

（1）出入功能

出入功能是指顾客进出餐饮空间的区域，承担迎接顾客、疏散顾客等功能，如出入口、门厅等。

（2）接待和候餐功能

接待和候餐功能主要是接待顾客并为顾客提供等候及休息的功能，高档餐厅中的接待和候餐功能应单独设置。

（3）配套功能

配套功能主要是指餐饮空间服务性的配套设施功能，如卫生间、衣帽间等。

（4）服务功能

服务功能主要是指为顾客提供用餐服务和经营管理服务的功能，如备餐间、备餐台、库房、办公室等。

（5）交通功能

交通功能主要是指水平方向或垂直方向的交通流线功能，如走廊、通道、楼（电）梯等。

5.1.3 制作功能

制作功能是餐饮空间的重要功能，是餐饮空间运行的重要保障，是整个餐饮空间食物出品的重要环节。制作功能区主要指厨房及其他具有制作食物功能的区域，厨房通常由消毒间、洗碗间、烹饪区及炉具、冰柜、消毒柜、烤箱等各种加工用具组成。厨房的设计应以使用流程为主要设计依据，以方便实用，节省劳动，改善厨师工作环境为设计原则。

5.2 餐饮空间功能划分要求

功能分区是将餐饮空间按不同功能要求进行分类，并根据相互之间的密切程度加以划分，使分区明确又联系密切。餐饮空间的市场定位及服务方式是功能划分的基本前提，国家和地方有关餐饮行业的法律法规和设计标准是功能划分的基本平台。

功能分区通常用功能气泡图来进行分析，功能气泡图是一种综合体现功能分区及流线关系的示意图（图3-5-2）。通过示意图中图形面积、位置、所属关系等信息直观了解餐饮空间各部分功能之间的关系，并根据不同功能的特点来选择相应的空间形式，以便把握空间功能之间的主与次、闹与静、内与外的关系（图3-5-3）。

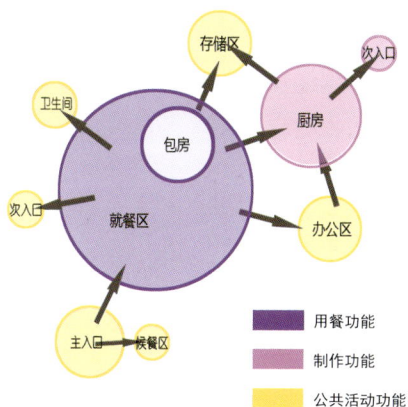

图3-5-2　一般餐饮空间功能气泡分析图

图3-5-3　某餐饮空间功能分析图

第六节　餐饮空间交通流线及安排

　　"流线"是空间设计领域内的一个专业术语，是人、物、信息在空间中的行动路线，也称"动线"。餐饮空间中的流线是其经营运作的动脉，它连接着餐饮空间各个组成部分，影响着空间的布局形态，体现空间排列的时序关系。餐饮空间流线作为分析功能、组织空间布局的结果，其合理性直接影响到就餐顾客的舒适度与满意度，同时也是提高餐厅运行效率，增加经营者盈利的重要方面。通过对其理性的分析与判断，最终设计出合理、快捷、流畅的空间流线（图3-6-1）。

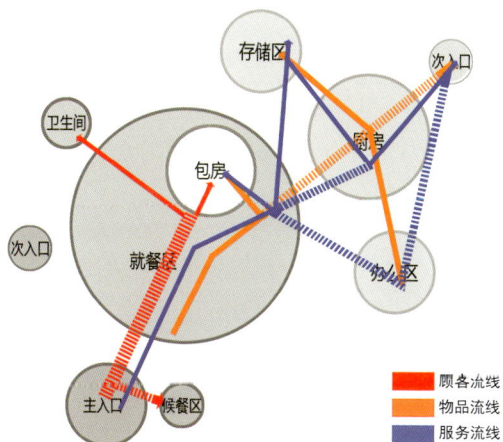

图3-6-1　一般餐厅流线构成

6.1 餐饮空间流线分类

餐饮空间的流线按照其运动方向的不同，可划分为垂直流线和水平流线。垂直流线促使人流从低层向高层运动，而水平流线则会使顾客按照预先设计好的流线方向运动。另外根据流线主次程度的不同，还可分为主要流线和次要流线。除此之外，餐饮空间按照流线内容还可划分为以下几种。

（1）顾客流线

顾客流线是顾客在餐饮空间中的活动路线，该流线为主要交通流线，以"便捷、流畅、安全、清晰"为设计原则。其主要流线应以直线为主，避免过于曲折，以免产生人流混乱的感觉，影响或干扰顾客的进餐和食欲。当其他流线与顾客流线发生矛盾时，应遵循满足顾客为先的原则。

（2）服务流线

服务流线是员工进行服务、加工等经营活动的运作路线，服务流线应与服务流程协调一致，如厨房加工、传菜、顾客服务等。服务流线设计的合理与否直接影响到员工的工作效率，应以"高效"为设计原则。服务流线在设置上不宜过长，宜采用直线且同一方向通道的流线不要过于集中，尽量避免直接穿越就餐空间，影响或干扰顾客的进餐。每个服务区域根据需要设置相应数目的备餐台，以提高服务的效率与质量，大型多功能厅或宴会厅可设置备餐廊。流线设置时应避免与主要顾客流线发生交叉，以免与顾客发生碰撞，尤其是服务员上菜路线，更要有明确的分隔（图3-6-2）。上菜及撤餐时如需使用餐车，设计时需在服务流线上考虑无障碍设计，如坡道设计等。

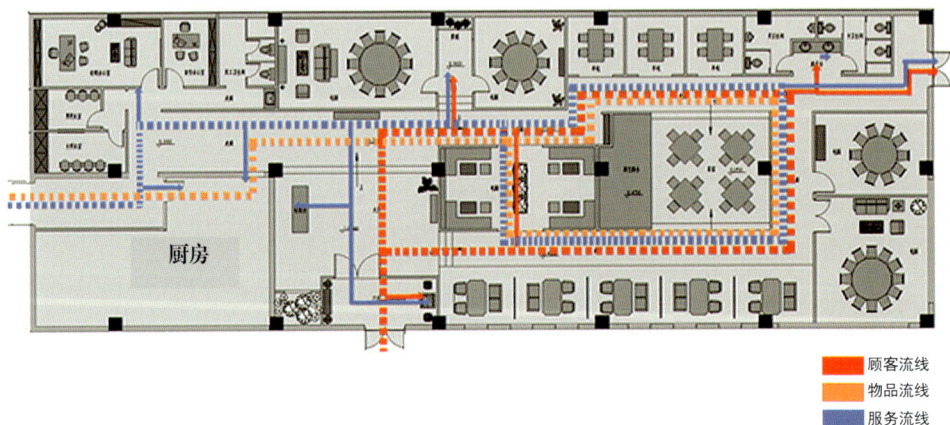

图3-6-2 "柏林郡"中式元素餐饮空间流线分析 蔡中静

（3）物品流线

物品流线是指物品进出以及废弃物品排放的路线，如厨房原材料的进入以及垃圾的清出等。其中，厨房原材料进出口最好的方式是另辟进出口，以临近厨房及存储设备为主要设计参考标准，以免对营业区造成影响，还可在最短时间内对物品及食物原料做适当的处理，节约了物力和人力。

　　餐饮空间流线还包括信息流线和设备流线。信息流线是餐饮空间经营管理中各种数据传递、交换、存储与反馈的路线，如收银台与财务部门处理经营数据等，设置时应保证信息传递的迅速准确。设备流线是设备设施在运行时各种程序关系及设备的位置顺序，如厨房设备应按加工顺序摆放等，设置时应考虑设备的安装、维护与操作。

6.2 餐饮空间流线安排

6.2.1 引导顾客流向

　　顾客流线是餐饮空间中的主导流线，流线设置应清晰明了，不受其他流线干扰。通过空间合理的分隔（图3-6-3）、明确的导向指示以及空间界面材质、图案、色彩或灯光的引导（图3-6-4），保证顾客在空间内部活动的便捷、安全与舒适，确保顾客能顺利到达不同区域的就餐座位。

图3-6-3　通过空间划分及设施的布置，作为引导视觉的手段

图3-6-4　"南京鸿霖品珍坊"　李浩澜
通过灯光进行视觉引导

6.2.2 调节顾客流量

研究顾客在餐饮空间中的行为模式，运用流线宽度来合理调节顾客流量。流线设计应根据功能和流量的不同确定通道的主次关系，并对重要人流节点，如入口、收银台、点菜区、电梯口、餐桌间等部位，留出适当空间保证功能的使用。

思考与练习

1. 餐饮空间设计定位包括哪些内容？
2. 餐饮空间设计流程是什么？
3. 餐饮空间功能包括哪些内容？其划分依据是什么？
4. 餐饮空间流线分哪几种？其划分依据是什么？
5. 中餐厅设计

要求：根据已给定平面完成餐厅设计，定位以中餐为主的中高档特色餐厅，容纳约200人，其余条件自拟。内容包括设计定位、设计衍变分析、流线分析、功能分析、平面布置图、天花布置图、主要立面图及不少于五张效果图（电脑、手绘均可）。

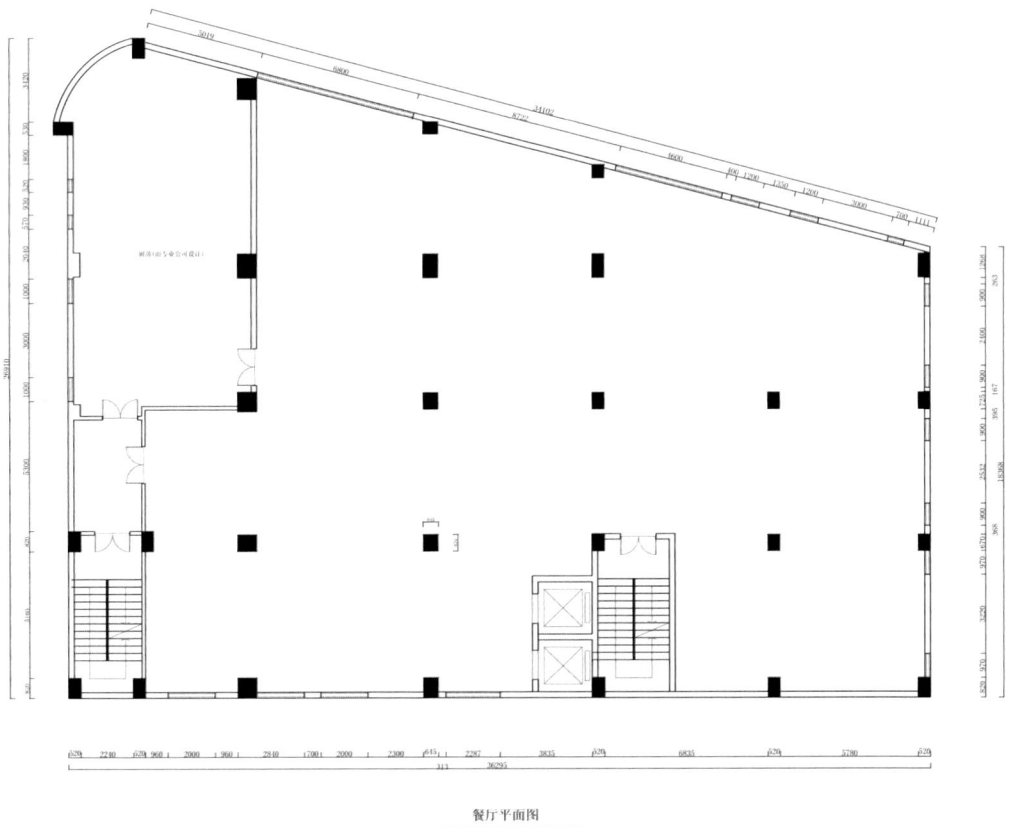

餐厅平面图

第四章　餐饮空间设计内容

餐饮空间的设计内容包括了餐饮空间的内外部空间设计、界面设计及配套设施及设备。本章详细介绍了与餐饮空间设计密切相关的内外部空间设计及相关配套设施的设计，对餐饮空间的空间组织方式进行了系统地分析，并对空间中的墙面、地面、顶棚等空间界面做了详尽阐述。

第一节　外部空间设计

餐饮空间的外部空间设计是餐饮空间重要的外在形象与交流媒介，其设计应鲜明、独特、醒目，并具有一定的文化内涵，符合目标顾客群体的的价值观和审美观。餐饮空间的建筑外观设计应与其经营风格、经营理念和经营特色协调一致，并与周边环境协调统一，同时又要体现出自身独特的文化内涵和风格特色，给顾客留下强烈而深刻的第一印象。

1.1 外观设计

餐饮空间的外观设计包括外立面造型与尺度、出入口、橱窗、招牌、企业标志、色彩、照明等视觉传达元素。外立面是餐饮空间给人的第一印象，作为一种特殊的广告媒体是增强吸引力的重要手段，有利于企业提高自身品牌形象与价值，对顾客的心理起着潜移默化的促进作用（图4-1-1）。外观设计应以远距离视觉效果为主，如使用巨大的标志、绚丽的夜景照明或动感时尚的多媒体图像等，充分而合理的营造商业效果，做到主次分明、低碳节能。整个外观效果应充分考虑人的观看视域及视角等视觉因素，以取得良好的视觉观看效果。

图4-1-1　餐饮空间外观设计

随着科学技术的飞速发展，新技术及新材料的不断涌现，科技所带来的设计审美观也在不断变化，精准的结构及精美的加工效果在设计美学中占有十分重要的地位（图4-1-2）。设计师应结合新材料、新工艺、新结构，运用新的设计手法及设计语汇，形成现代餐饮空间丰富的外观形象，给人以强烈的艺术表现力及感染力。餐饮空间外观宜选择经久耐用并易于保养的装饰材料，以使整个外观长久保持其特色。

另外，设计师应在尊重使用功能、企业特征及环境特点的基础上合理表达餐饮空间的性格特征。如在入口处增设无障碍坡道，或北方地区冬季寒冷且周期较长，从保温节能的角度不宜采用大面积活动玻璃墙面（图4-1-3），临街餐饮空间需在入口处设置风斗、双层门等设施。

图4-1-2 严谨而精致的结构有助于提升餐饮空间的整体形象

图4-1-3 玻璃活动墙面可保持视线及空气流通，但不太适合寒冷地区使用

1.2 外部景观设计

　　餐饮空间的外部空间设计还包括外部景观设计，其景观设计应注重与室内外空间设计相互交融，起到烘托和统一的作用（图4-1-4），一般采用绿化、水体及景观小品等手段作为餐饮空间的延伸和补充。绿化包括草坪、绿篱、花卉、乔（灌）木等，水体包括水池、喷泉、瀑布等，景观小品包括室外座椅、遮阳伞、灯柱、招牌、人物造型等，并可结合室外照明以满足外部空间照明效果的要求。外环境铺地的材料及色调也应与使用功能及整体风格相一致，以保证餐饮空间设计的实用性及完整性。另外，还可设置部分室外或半室外的就餐空间，有利于增添就餐的休闲性与趣味性（图4-1-5）。

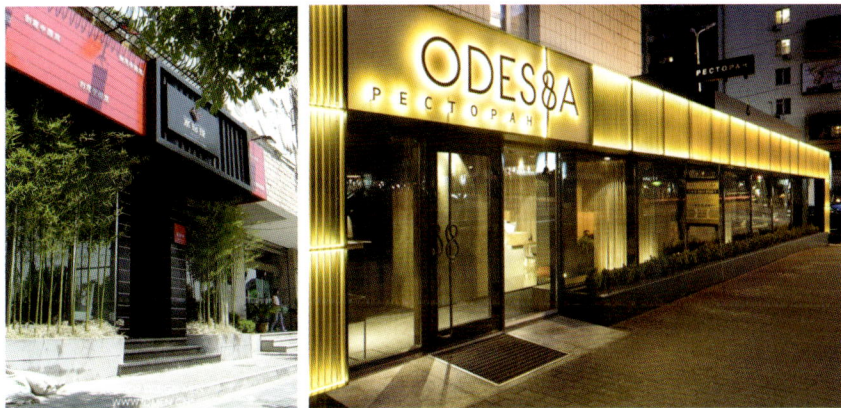

图4-1-4　餐饮空间外部景观设计

图4-1-5　室外就餐空间，人与自然的密切融合

1.3 配套停车场（位）设计

　　随着人们生活水平的提高，私家车数量的快速增长，停车问题逐渐成为了社会热点问题，餐饮空间也需要更大的停车场来解决顾客停车的问题。与餐饮空间相配套的停车场（位），应根据餐饮空间的规模档次、资金投入、空间情况及周围交通环境等条件来综合进行设置，如地面停车场、地下车库、机械停车装置等方式。地面停车方式较为常见，其停车方便灵活。在地价较高的城市中心，一般只部分采用这种停车方式，而在地价较低的城市边缘，大面积采用这种方式是经济实惠的，但设计及管理不当易造成混乱而影响餐饮空间形象。地下停车场停车方式可以充分利用地下空间，避免恶劣气候的影响，对其周边环境的影响较少，但修建费用高，并受餐饮空间建筑结构及经营规模的限制。

　　餐饮空间的停车场应保证一定数量的停车泊位，其中一辆轿车的停车泊位尺寸约为2.5m×5.0m，停放车辆之间的横向净距离不能小于0.8m。每辆车所占泊位面积与车辆的停放方式有关，带角度的泊车位便于车辆的进出，进出及通道所占空间较小，但因泊位错位而浪费了一些空间（图4-1-6）。停车场可采用"单向—出口"的循环车道设计方式，也可采用"单向—进—出"的循环车道设计方式。

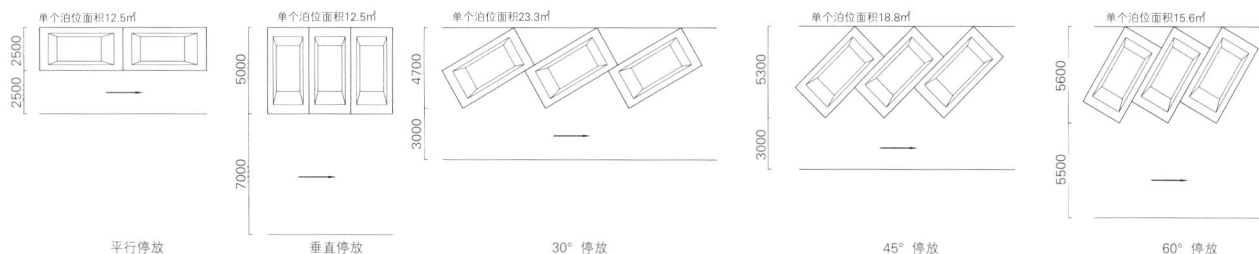

图4-1-6　车辆停放方式与泊位面积示意图（单位：mm）

第二节　内部空间设计

内部空间设计是餐饮空间设计的灵魂，是餐饮经营活动开展的重要载体。内部空间不但包含生产菜品的加工区，还包括顾客就餐的营业区以及与之相匹配的服务辅助区。通过对工作空间、使用空间、交通空间等空间构成要素的分析，共同创造一个既符合心理期待又符合经营需求的整体空间。餐饮空间的内部空间设计除了要营造独特的视觉效果外，更重要的是通过合理充分地利用每寸空间而为经营者带来最大化的经济利益。因此，在内部空间设计时，要准确把握设计的精华所在，兼顾空间设计的秩序与灵活原则，达到艺术性与实用性兼备的设计效果。

2.1 餐饮空间营业区

餐饮空间营业区主要是指就餐空间以及出入口、前厅、收银台等经营性空间。

2.1.1 顾客出入口

餐饮空间出入口具有很强的功能性，其核心作用是交通枢纽与人流疏导，同时也是顾客酝酿情绪的过渡空间（图4-2-1）。标准较高的餐厅将顾客入口与员工入口分设，主入口通常与等候空间相连接，可设置领位台。主入口设计形式一般涉及餐饮空间外立面的形式与形象，其位置、流量、朝向、尺度、形式等直接影响餐饮空间的功能设计及客流变化。

主出入口作为经营场所的正门，醒目而便捷的出入口，有助于引导顾客进入室内。独立式餐饮空间主入口可由对开门或旋转门组成，如果使用旋转门，两侧应同时设置对开门，以利于安全疏散要求。寒冷地区需要在入口处设置防风门斗或门厅，起到防风及保温的作用。

图4-2-1 餐饮空间主入口设计
顾客出入口可设置过渡空间用于情绪的酝酿以产生豁然开朗的视觉感受

2.1.2 前厅

标准较高的餐饮空间设有前厅。前厅是顾客进入餐饮空间后的交通枢纽和室内与室外过渡的空间，主要起到疏导及集散人流的作用。前厅根据餐饮空间的标准及建筑规模不同，其面积和内容也不同。门厅内应设置视觉主立面和店名店标，根据门厅的大小，一般可选择设置领位台、等候休息区、收银台等功能分区（图4-2-2）。标准较低的餐饮空间不设置门厅，而是将出入口、门斗等设置在餐饮空间中。

图4-2-2 餐饮空间前厅设计

2.1.3 就餐区

　　就餐区是为顾客提供就餐活动的重要区域，是餐饮空间最重要的内部空间。顾客在此空间停留及使用的时间最久，是资金投入、服务管理等最为集中的地方，其空间设计的成功与否直接关系到餐饮空间的整体形象与经营者的经营利益。

　　餐饮空间就餐区应根据其使用功能及设计理念的不同，将整体空间划分为若干个小空间，这样既满足顾客的使用需求，又便于细化服务范围，同时按需开放就餐空间有助于贯彻低碳环保的社会发展理念。空间划分的手段及形式丰富，既可以是实体划分，也可以是心理上的划分；既可以是水平方向划分，也可以是垂直方向划分；既可以通过通道、顶棚、隔断、隔墙等空间构成要素划分，也可以通过吧台、散座、包房等就餐设施的变化组合划分（图4-2-3）。

图4-2-3　"外婆家"餐厅将空间划分为若干个弧形空间，既便于服务管理，又增加了顾客选择的多样性

　　在空间设计过程中，注重空间设计的秩序性与灵活性，合理布置功能分区与交通流线，依据其使用过程中围合程度的不同选择相应就餐设施，如吧台、散座、卡座及包房等。散座在设置时相对较灵活，可以充分利用空间，设置时充分利用空间边界，尽量减少各餐位之间相互干扰。餐桌椅的配置应根据餐厅面积及就餐用途合理进行选择，并能根据具体需要随时做出调整。在需要举行仪式的餐厅内，如宴会厅，要考虑好主题背景墙的位置及餐桌视线设置的问题。对于餐饮行业来说，营业利润不能单靠就餐人数，更要依靠单位消费水平，包房就是最好的一种赢利形式之一。包房具有较强的私密性，如空间条件允许，可设置独立的传菜间、卫生间、衣帽间（柜）以及专用会客区和休息区。服务台应根据顾客的分布情况进行设置，备餐台的多少由服务形式和服务质量决定（图4-2-4）。

图4-2-4 备餐台也可作为整体设计的一部分

2.2 餐饮空间加工区

餐饮空间的加工区一般由厨房、配菜间、明档等组成。按照厨房的加工性质,可分为中餐厨房、西餐厨房、快餐厨房等。根据其封闭程度的不同可分为开放式和封闭式两种。厨房的规划设计受到诸多方面的影响,包括投资费用、设备配备、餐饮空间类型及规模、厨房位置、空间要求等。

2.2.1 厨房位置与空间要求

厨房根据其与餐厅位置关系可分为围绕式、中间式及紧邻式三种(图4-2-5)。餐厅厨房应设单独的对外出入口,餐厅规模较大时还需设货物及员工出入口。厨房到餐厅的距离不宜太远,以临近为设计原则,一般从备餐间到餐桌的服务距离不大于40m。厨房应与餐厅同层,如餐厅有两层以上且厨房不在同一楼层时,可使用传菜电梯(图4-2-6),以保证菜品保持原有的温度和味道,提高工作效率及经营效率。此外,厨房应尽量设置在低层,以便于原材料和垃圾的进出。厨房和餐厅之间应有一定的缓冲空间,一般用备餐间作为过渡空间,可通过拐角玄关、双道门等方法,避免厨房中的声音、味道等进入就餐区域。备餐间最好设置双门双通道,分别作为成品和回收通道,以避免相互干扰。在备餐间中,可对菜肴进行最后的调料搭配及上菜顺序的调控。

图4-2-5　紧邻式开放厨房设计

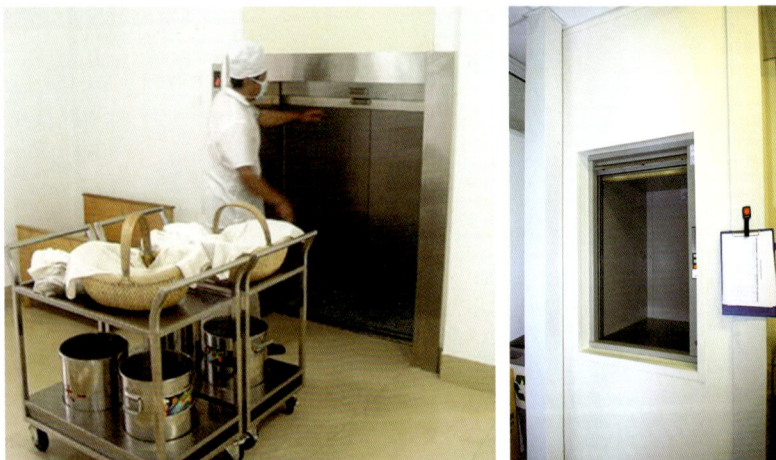

图4-2-6　左图为落地式传菜电梯，右图为窗口式传菜电梯

　　厨房空间的面积大小直接影响到餐厅的经济效益。影响厨房空间面积指标的因素主要与餐厅的类型、规模、设备和操作方式等有关（表4-2-1）。厨房的净高度一般在3.2～3.8m，厨房与外界相通门的尺寸要保证原材料及垃圾进出的要求，一般来说门的宽度不能小于1.1m，高度不能小于2.2m，宜采用向外开的平开门。

表4-2-1　按餐位数计算厨房面积

餐厅类型	厨房面积/座
正餐餐厅	$0.5\sim0.8m^2$
咖啡厅	$0.4\sim0.6m^2$
自助餐厅	$0.5\sim0.7m^2$
快餐厅	$0.3\sim0.4m^2$

2.2.2 厨房区域规划与安排

厨房区域根据其设计形式可分为统间式、分间式及统分结合式三种，厨房区域的规划与安排通常由专业公司进行设计，但对于设计师而言，需要对其内部功能及各环节之间的关系也要有一定的了解。

厨房以及与之相关的辅助部分可分为原材料加工（粗加工、细加工）、成品加工（主食加工、副食加工、冷菜加工）、餐具洗涤、餐具存放、备餐、储藏等（图4-2-7）。其中，粗加工应独立设置，粗加工与细加工排水较多，应采用明沟排水。带有油腻的排水应与其他排水系统分别设置，并安装隔油设施。在成品加工中，主食、副食及冷菜加工因其性质不同，必须单独设置。厨房储藏库房包括干货库、冷藏库、冰鲜库、冻藏库。

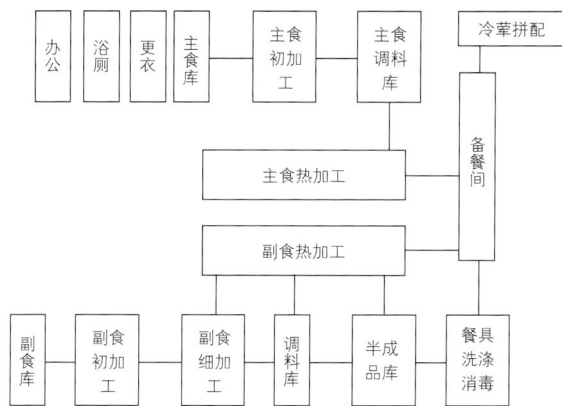

图4-2-7　厨房空间布局

在进行厨房空间划分时，要根据使用功能及现场情况进行合理安排，并结合消防、燃气、卫生、环保等部门进行适当的方案调整，以便日后顺利通过相关验收。在规划过程中，以经营菜式为设计前提，严格按照"干湿冷热分开"为设计原则，合理安排烹饪工作流程及工作人员的服务路线，确保使用者各司其职，提高效率。在厨房内，原料的装卸、储存、冷藏、加工至送出及餐具的回收、清洗、储存至送出都应具备方便有效的交通流线。在进行厨房空间布局时，可采用直线形、相背形、L形及U形等排列布局方式合理安排厨房用具，以形成规整有序的工作环境。

2.2.3 厨房卫生与安全

厨房的卫生与安全也是厨房空间设计时要考虑的重要问题。厨房是洁污并存的场所，在厨房空间设计时应明确洁与污、生与熟分离的要求。厨房各加工地面均应采用耐磨、防滑、不渗水、易清洁材料，墙面、工作台、水池等设施的表面，均应采用无毒、易清洁、光滑的材料。同时应处理好地面排水问题，一般采用带盖板的明沟（沟深15~20cm，宽30~38cm），明沟与下水道之间还应设置隔油井，利用油比水的比重轻的原理排出污水中的油污，消除油污堵塞下水道的隐患，粪便水和其他污水的排水管道与排放厨房含油污的排水管道分开。厨房内还应设置通风及排风系统。通常采用自然通风与人工通风相结合的方法，其中人工通风包括送风和排风两部分，每小时换气40～60次可保证良好的厨房工作环境。另外，厨房安全包括防火及灭火的相关装置，如烟感、喷淋装置、灭火器、气体泄漏报警器等。

2.3 餐饮空间辅助区

餐饮空间的辅助区包括办公管理用房、卫生间、备品库房等辅助用房。

2.3.1 管理办公空间

餐饮空间管理办公空间包括员工出入口、员工更衣室、员工卫生间、员工办公室等，根据需要也可以与加工区合设。在空间设置时应方便经营者进入就餐区，及时掌握和了解经营情况。对前后场分开布局并采用不同设计装修标准可降低总成本，以达到较好的投资效益。员工更衣室面积主要取决于男女员工的人数，一般男更衣室面积为0.38～0.43平方米/人，女更衣室为0.4～0.45平方米/人。

2.3.2 卫生间

卫生间设计作为一种"无形服务"已被越来越多的经营者所注重，他们希望给顾客留下同就餐区一样的深刻印象，既要舒适干净，又要富有文化和情调。在服务上，高档卫生间内可设置专门的服务人员为顾客服务，并附设育婴室、儿童洗手池、化妆间、残障人士专用卫生间等服务设施，切忌有气味及装饰构件损坏等现象。在空间设计上，卫生间设计要与餐饮空间的整体风格相一致。高档餐厅卫生间可用少量艺术品点缀，以提高卫生间环境品质。

供顾客与员工使用的卫生间，最好分设。顾客卫生间的入口应尽量隐蔽，不应靠近或直对就餐区，且入口处要设置醒目标识。顾客卫生间虽比较隐蔽，但导视系统应清晰明确。如果面积允许，顾客卫生间最好男女分设，男女卫生间面积比例约为2:3，并根据顾客人数合理配备蹲位与小便器（图4-2-8）。卫生间内照度约为100Lux，色温约为3500K。工作人员卫生间的出入口不应直对各加工间，且要设置相应标识。另外，在卫生间区域可专门设立无障碍卫生间，以给残障者或老人提供便利，无障碍卫生间不分性别，内部配备如专用洁具、安全扶手等无障碍设施。

除此之外，餐饮空间的辅助空间还包括用于存放备品、桌椅等的库房，水平或垂直交通空间等。通过餐饮环境内部空间设计的表达，配合顾客的消费特性，形成或现代、或传统、或时尚、或复古的就餐氛围，吸引相应群体的好奇心，引导顾客群体合理消费。

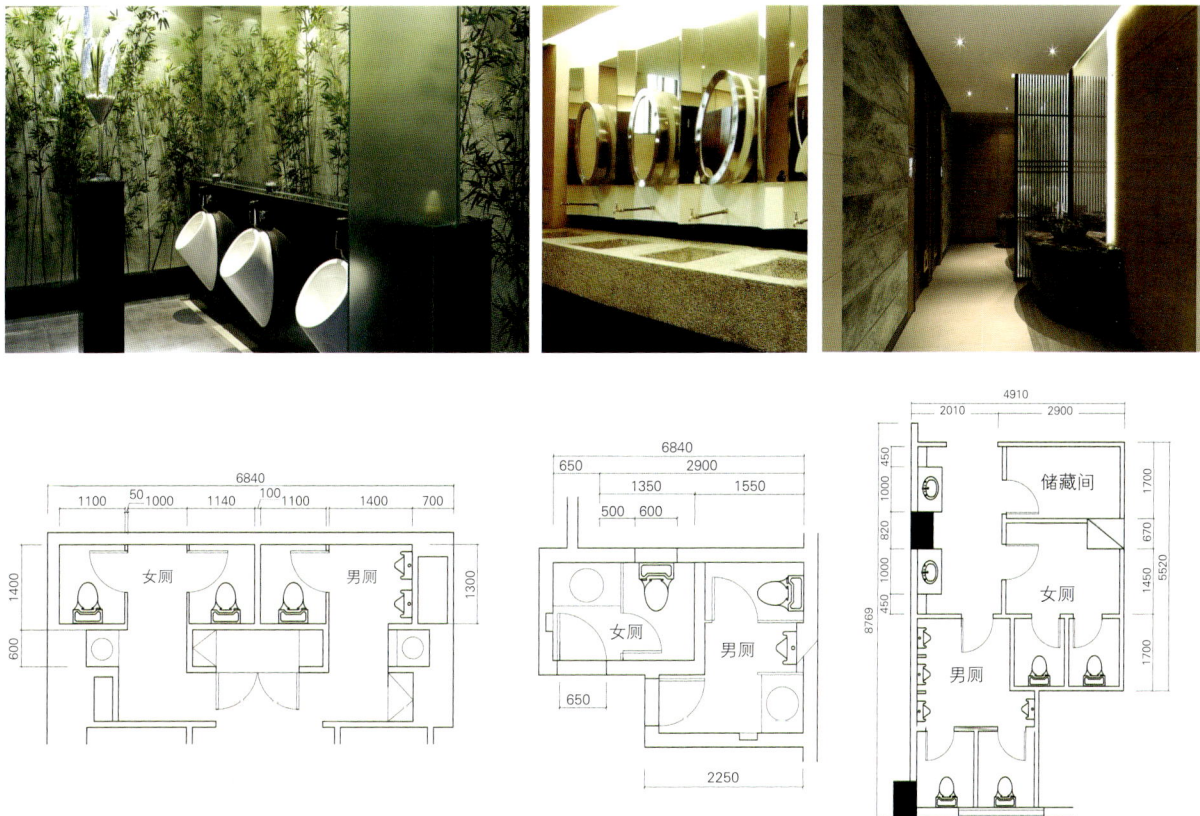

图4-2-8　卫生间基本布局及设计形式（单位：mm）

第三节　空间组织方式

内部空间设计是餐饮空间的设计主体，通过空间的合理化组织而达到保护顾客隐私的目的，营造功能合理、环境优美的室内餐饮空间环境。因此，在空间的限定、围合及组合方式上需遵循一定的空间设计基本法则。

3.1 空间的分隔与限定

空间的分隔与限定的作用是划分空间、引导方向、强调空间重点，空间限定方法有以下几种。

3.1.1 用水平实体限定空间

用以限定空间的水平实体，根据其所处位置的不同，可以分为底面限定及顶面限定两类。

（1）底面限定

底面的界限越明显，其对空间的限定作用就越强烈，根据其空间特点可分为下面几种。

① 平面变化。

平面变化是指通过图形、材质、色彩、灯光、方向等平面形式限定空间的方法。在视觉上将该范围分离出来，限定出相应的空间领域（图4-3-1）。其差异越大，空间的划分越显著。简单说，正如在草地上铺上一块毯子就形成了一个别人不会打扰的野餐及休憩的空间。

② 空间变化。

空间变化是指将底面从周围空间抬高或降低的限定空间的方法。这种变化只是相对的，需以周围底面作为参照，可以增强空间环境的层次感。空间的变化可以通过两种方法来实现，一种是将底面抬高，使其具有外向性及展示性，如表演舞台；一种是将底面下沉，使其具有内向性及庇护性，如座席区（图4-3-2）。

图4-3-1　通过底面材质及图形的变化，形成不同的功能区域

图4-3-2　底面空间变化形成不同的就餐区域

（2）顶面限定

顶面对空间的限定具有对应性，通常与地面区域或形式相呼应。限定顶面空间的实体有屋顶、楼板、吊顶、织物、光带等。与底面一样，也可以将顶面相对降低或升高，从而形成不同的空间尺度感受（图4-3-3）。

3.1.2　用垂直实体限定空间

（1）线性实体

垂直线性实体包括建筑空间中的柱、线性隔断、绿化、家具、灯具等。垂直线性实体限定空间的特点是人的视线保持贯通而行为受到限制（图4-3-4）。

图4-3-3 顶面对空间的限定

图4-3-4 形式丰富的垂直线性实体对空间的划分

（2）面实体

面实体包括建筑空间中的墙、帷幕等，利用面实体可进行就餐区域的围合，或入口收银台的背景分隔等。垂直面实体根据其面数、形状及高度的不同，对空间产生的围合感及封闭感也不同，根据以上原理可形成餐饮空间不同的就餐设施形式（图4-3-5）。

① 单面实体围合。

② 双面实体围合。

③ 三面实体围合。

④ 四面实体围合。

⑤ 异型面实体围合。

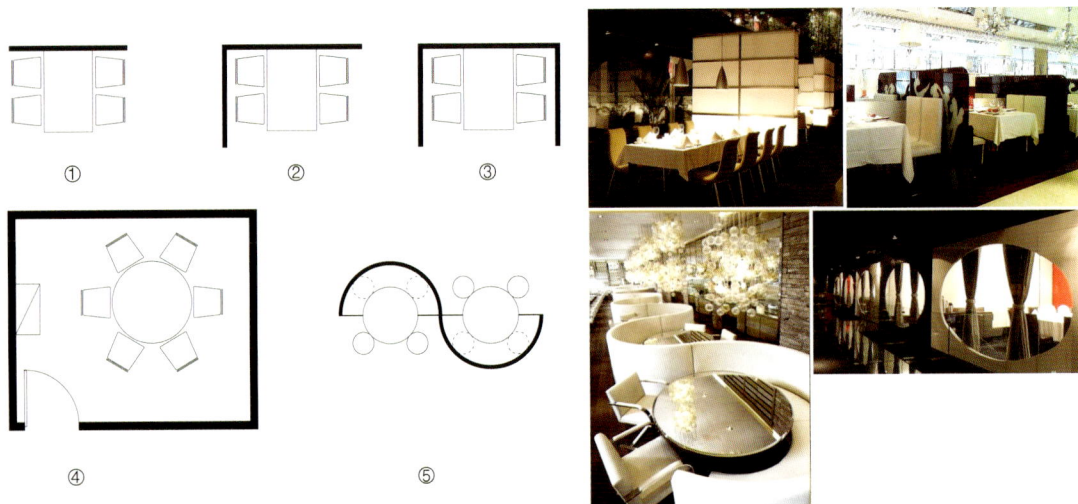

图4-3-5　各种类型面实体对空间的限定

3.2 空间的围合与渗透

　　空间的围合与渗透，主要取决于垂直实体对视线的连续或遮挡的影响程度。它主要受两方面影响，一是实体的大小；二是实体的通透性。在空间设计中通过垂直实体对视线的影响，形成不同程度的围合感与渗透感。如果实体完全遮挡了人的视线，使人无法看到临近空间，则倾向于围合感，其私密感与领域感增强，例如包房就是完全围合的空间形式；如果实体的通透程度良好，可以看到或部分看到临近空间，空间既有分隔又相互流通，空间层次分明，则更倾向于渗透感，其私密性与领域性减弱，例如餐厅大面积的落地玻璃窗，将室内空间延续到室外，扩大了空间视野，更丰富了空间层次。在餐饮空间设计中，围合与渗透相结合的空间分隔形式往往是根据使用功能和理念的需要而同时存在的，这样既保证了就餐空间的私密性要求，又保证了空间视觉的连贯性与通透性，形成丰富的视觉效果（图4-3-6）。

图4-3-6　不同形式隔断形成的围合与渗透效果

3.3 空间的组合方式

在餐饮空间中，空间通常是由若干个小空间构成的，空间组合方式的不同会形成不同的空间设计效果。几种常见的空间组合方式有中心式空间组合、组团式空间组合及线式空间组合。

3.3.1 中心式空间组合

中心式空间组合是较常见的餐饮空间组合形式，一般将中心作为设计的重点以使主题明确及个性突出（图4-3-7）。这种组合方式由一定数量的次要空间围绕一个大的中心主导空间构成，该中心主导空间一般为规则形状，如方形、圆形、三角形、正多边形等，且面积要与周围次要空间形成鲜明对比。设计者应根据场地形状、环境需要及功能特点，在主导空间周围灵活组织若干个次要空间。如自助餐餐厅可以将取餐台设计在中心主导区域，以保证顾客取餐方便。次要空间通常根据形式美的法则进行布置，以保持空间的多样性，其功能也可根据设计及面积而不同，次要空间大到可以是酒吧或包房，小到可以是卡座或散座。

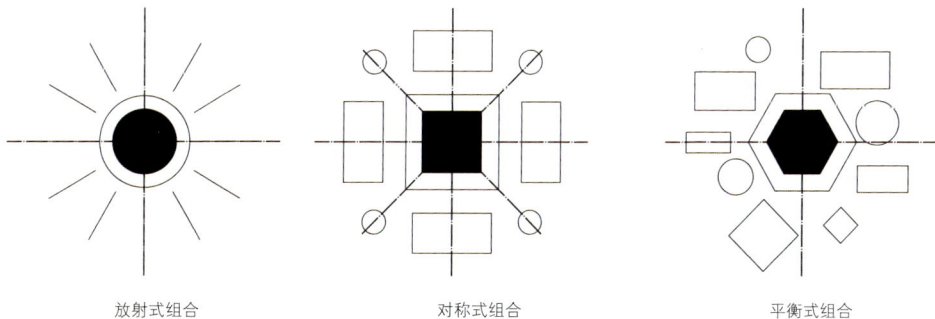

放射式组合　　　　　　　对称式组合　　　　　　　平衡式组合

图4-3-7　中心式空间组合

3.3.2 组团式空间组合

组团式空间组合是指将若干个小空间重复组合而使它们成为一个连续而有序的整体或以某个空间为轴线而使其他小空间紧密联系而达到一种平衡关系的空间组合形式。在餐饮空间中，组团式组合也是比较常见的组合形式，这种平面组合比较灵活，既可以是几个功能区或就餐设施紧密地组合在一起，也可以通过一个穿过几个空间的通道而将空间组合起来，通道可以是直线、曲线、折线等（图4-3-8）。

沿通道组合　　沿轴线组合　　沿环形通道组合　　重复性组合

图4-3-8　组团式空间组合

3.3.3 线式空间组合

线性空间组合实际上包含着一个空间序列，它既可以将几个空间串连，也可同时通过一个独立线性空间来建立联系（图4-3-9）。这些被连接的空间可以是尺寸、功能及形式相同的重复性空间，也可以是尺寸、功能及形式不同的相对平衡空间。

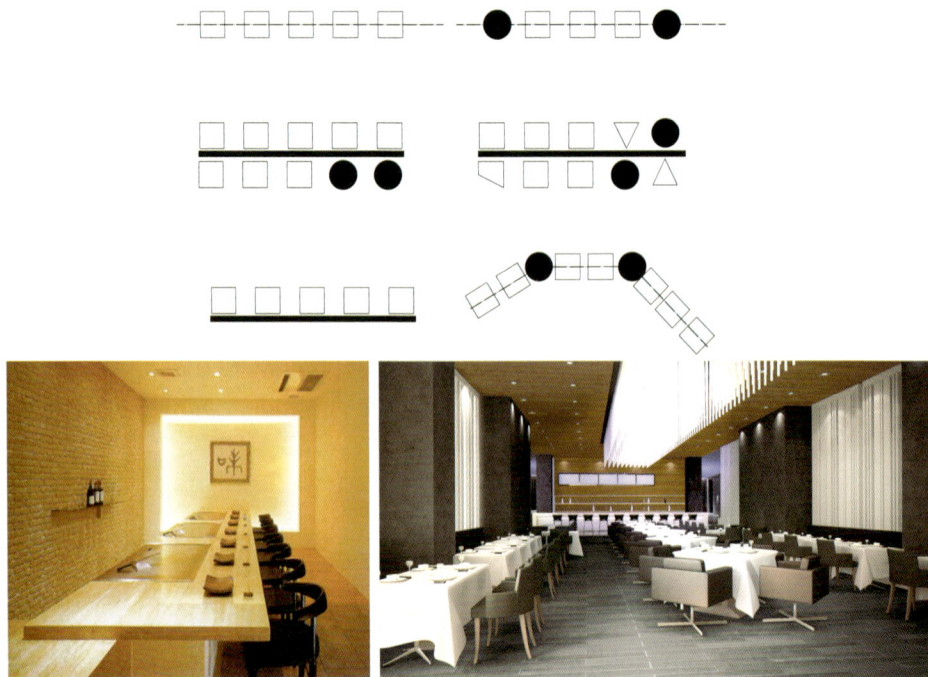

图4-3-9　线式空间组合

第四节　空间界面设计

　　餐饮空间中的空间界面设计是指根据整体构思对围合与划分空间的实体表面材质、质感和色彩进行具体设计。它不仅仅是指简单的空间表面处理，更为重要的是其如何与空间环境氛围有机结合，使空间设计进一步落实和深化。界面设计应服从于空间设计，空间设计是界面设计的基础。在具体设计中，根据环境氛围、构思创意、材料、施工工艺等的不同，界面设计的表现和手法也多种多样。餐饮空间主要由顶棚、地面、墙面三种空间界面构成，并通过造型、色彩与材料等方面表达出来，其他空间界面如餐桌、灯具、隔断等也对整体设计氛围的营造起到一定的促进作用。

4.1 顶棚设计

　　顶棚作为餐饮空间的最顶层界面，具有位置高、无遮挡、透视感强等特点，是最能反映空间形态及关系的空间界面。顶棚设计不但可以强调空间重点，区分空间主从关系，还可以加强空间纵向层次，引导方向，增加空间序列感。总的来说，餐饮空间顶棚在设计过程中需依据其结构形式、采光形式、设备要求、技术条件等方面来确定顶棚的形式和处理手法。顶棚设计的主要形式包括以下几种。

4.1.1 自然采光或模拟自然采光的顶棚

　　自然采光的顶棚通常使用钢架结构与遮光设备相结合的方式，通过自然采光模式使餐饮空间内部获得良好的光照效果，还可以最大限度地节约能源，营造出一种自然惬意的就餐氛围。模拟自然采光的顶棚是利用人们对自然光的向往性而产生的，通过对灯光色彩与明暗的控制，或模拟柔和的自然光效果，或模拟繁星点点的夜空效果，形成温馨浪漫的就餐情调（图4-4-1）。

4.1.2 突出灯具造型的顶棚

　　突出灯具造型的顶棚设计以灯具作为顶棚的重点点缀，既有重点又解决了照明的问题（图4-4-2）。这种顶棚在设计时应注意灯具的比例与尺度和灯具的固定方式等问题。

图4-4-1　自然采光与人工采光相结合的顶棚设计　　图4-4-2　尺度夸张的顶棚灯具设计

4.1.3 结合灯光分区处理的顶棚

顶棚的划分与地面功能分区相呼应，通过对灯光的处理来实现对顶棚的分割，不仅解决了照明问题，又使顶棚富有变化感和层次感。这是餐饮空间最常见的顶棚处理方式之一（图4-4-3）。

4.1.4 强调造型及图案的顶棚

采用一定的几何图形或字母元素在顶棚上，呼应空间主题，明确主题表达，使就餐环境和谐而统一（图4-4-4）。

图4-4-3 丰富的顶棚设计起到良好的空间提示作用

图4-4-4 特色鲜明的顶棚设计成为空间设计的重点

4.1.5 采用软性材料装饰的顶棚

采用织物或植物等软性材料装饰顶棚，既浪漫温馨，又经济环保，常用的软性装饰材料如纱帘、线绳、植物等（图4-4-5）。

4.1.6 利用建筑原有结构的顶棚

顶棚设计还可充分利用或模拟建筑原有结构，体现出建筑结构的独特美感，如桁架、木结构、裸露的空调管道等顶棚形式（图4-4-6）。

图4-4-5 新颖而绿色的顶棚装饰材料符合空间设计主题

图4-4-6 突出原有结构的顶棚设计

4.2 地面设计

地面作为空间的底界面，也同顶棚一样是以水平面的形式出现的。地面主要用来承托家具、设施以及人的活动，因而地面的显露程度与顶棚相比是有所限制的，但是地面与人是直接接触的，因此它的质地、形式、色彩等构成要素直接影响到室内环境的气氛。

4.2.1 地面质地

餐饮空间的地面一般选用耐久、防滑、便于清洗的材料，如地砖、青石板等，较高档的餐厅还可搭配使用地板、天然石材或地毯。地面设计一般采用两种或两种以上的材料，例如通道选用天然石材，就餐区选用地板，从而起到划分空间和视觉导向的作用（图4-4-7）。

图4-4-7　通过地面材质及空间高度的变化，营造风格鲜明的就餐环境

4.2.2 地面形式

地面形式包括平面变化和空间变化两种。地面平面变化主要以图形、材质、色彩、灯光、方向变化为主，其中地面图形可以是连续式的，也可以是独立抽象式的（图4-4-8、图4-4-9）。连续式图案因其不受面积、形状等条件的限制较为常用。地面空间变化是一种相对变化，可通过抬高或降低地面的方法来实现。

图4-4-8　连续式图形地面设计

图4-4-9　独立式图形地面设计

4.2.3 地面灯光

在地面设计中灯光设计除了具有安全照明的作用外，还可起到引导方向、丰富空间层次和良好的装饰效果（图4-4-10）。

图4-4-10 地面灯光照明
灯光可起到提示及丰富层次的作用

4.3 墙面设计

墙面可分为内墙面与外墙面，这里所说的墙面设计主要指内墙面。内墙面装饰的目的是保护墙体，保证室内的使用条件和室内环境的美观、舒适、整洁。内墙面与顾客近距离接触，其质感要求细腻逼真。

墙面作为空间的侧界面，也是围合空间的重要构件之一，与顶棚及地面不同，它是以垂直面形式呈现的，对人的视觉影响很大。影响墙面的设计因素很多，在墙面处理中关键是处理好整体与局部、虚与实之间的关系。

4.3.1 充分利用建筑原有玻璃窗的墙面

充分利用建筑的玻璃窗，尤其是大面积玻璃窗，可以保持视线的室内外连通，使室内室外一体化，并将室外的景观引入到室内，增加室内活力（图4-4-11）。

4.3.2 采用几何形体组合及空间变化的墙面

这种墙面是最为常见的墙面装饰形式，结合材质、肌理、色彩等的不同，采用母题图形的组合构成及凹凸变化，构成或丰富或立体的墙面装饰效果（图4-4-12）。

图4-4-11 落地玻璃窗使顾客有着良好的就餐视野

图4-4-12 统一而富有变化的墙面设计很容易成为空间的视觉焦点

4.3.3 结合家具综合设计的墙面

在墙面设计时将酒柜等家具综合起来考虑，既满足空间设计的功能性，又使设计整体而统一（图4-4-13）。

4.3.4 运用绘画图案装饰的墙面

通过具象或抽象的绘画形式，结合新材料、新工艺等创新表达手法，形成丰富而独特的视觉效果，又能在一定程度上强化设计主题（图4-4-14）。

图4-4-13 结合酒柜设计的墙面形成独特的就餐氛围

图4-4-14 绘画图案装饰的墙面可用简单的方法取得复杂的装饰设计效果

4.3.5 强调光装饰效果的墙面

通过灯光能够将墙面的重点及细节表达出来，丰富墙面的视觉层次，同时还可利用光的剪影效果，形成独特的视觉画面（图4-4-15）。

4.3.6 运用新型材料构成的墙面

通过新材料、新技术、新形式、新构造等赋予到墙面上，形成独特而丰富的空间视觉效果，最大限度地强化设计主题（图4-4-16）。

图4-4-15 灯光将墙面结构层次清晰的表达出来   图4-4-16 结构独特的墙面设计最大限度地表达设计主题

第五节　餐饮空间配套设施及设备

　　餐饮空间设计中通常会涉及电力设备、给排水设施、冷暖空调设备等，根据其业态形式及规模情况的不同而有所差异。各种设备设施的智能化控制与管理，是目前室内空间设计的发展趋势，相关设施及设备的规划及安装具备较高的专业性与技术性，通常由专业人员进行设计安装。但因其与设计交叉，所以室内设计师必须具备一定的相关设计知识，才能保证餐饮空间设计活动的正常进行。

5.1 电气设备

随着餐饮空间厨房设备电气化水平的提高、照明系统的发展以及电子智能化管理的应用，电气系统设计应综合考虑空间人员多、业态复杂、营业时间不同等行业特殊性情况，在保证系统安全的前提下，最终制定出一套安全可靠的长期性方案。

5.1.1 电气设备分类

现代餐饮空间的电气设备大致可以分为强电和弱电两部分。

（1）强电部分

① 输变电设备。

在餐饮空间中，如因规模及业态需要而使用大量的电力设备时，应尽量采用大容积变压器以减少变压器台数，节省配电室空间，为今后增容预留空间，另外还可解决夜间和日间休息时将变压器脱离而产生的二次负荷问题。如电力设备需做较大调整，电力设备的容量也会发生很大变化，应增设分线用断路器，为方便作业还须留出电力设备布线用竖井的空间。近年来，很多餐饮空间或将自备发电设备作为常用发电设备，或采用高峰断电，或设置储热槽利用夜间低价电力而达到减少开支的目的。

② 电气照明设备。

电气照明是将电能转化为光能，通过各种灯具营造出一个良好的就餐氛围，以满足室内照明的功能需要。在餐饮空间中通常采用一般照明效果，根据经营业态及氛围营造的不同，还可采用局部照明和混合照明相结合的方式。

③ 电子设备。

智能化技术在餐饮空间中得到了广泛应用，如燃气泄露报警装置、应急照明设备、空调及照明智能控制系统、智能防盗防火设备等。

（2）弱电部分

弱电部分包括电信电话设备、收银系统、管理及点菜系统自动化设备、网络系统及安保系统等。

5.1.2 综合布线

餐饮空间线路的布线方式也是设计时需要关注的重要内容。布线方式可采用明敷设和暗敷设两类。明敷设是将线路置于管子和线槽等保护体内，敷设于墙壁、顶棚表面或抹灰层内的布线方式；暗敷设是将线路置于管子和线槽保护体内，敷设在墙体、楼板层等内部的布线方式。布线方式包括金属管布线、塑料管布线、线槽布线、桥架布线、竖井布线等。

线槽布线可分为金属和塑料两种，金属线槽通常为具有槽盖的封闭式线槽，弱电线路可采用难燃型带盖硬质塑料线槽。桥架布线在电缆数量较多、较集中时使用，桥架水平敷设时，距地面高度应不低于2.5m。垂直敷设时，距地1.8m以下应加金属管保护，桥架穿过防火墙及防火楼板时，应采取防火隔火措施。竖井布线一般用于多层和高层内强电及弱电垂直干线的敷设。竖井的位置和数量应根据建筑规模、用电负荷性质、供电半径、建筑物的沉降缝设置、防火分区等因素来确定，不得和电梯井、管道井并用，同时避免临近烟道、热力管道及其他散热量大或潮湿的设施。

5.2 给排水设施

餐饮空间的正常运行离不开水的存在，不同业态、规模、季节对餐饮空间的用水量也不同。在餐饮空间的设计过程中，水的供应与排放都是其不可或缺的重要部分。

5.2.1 给水设备

商业给水设备根据其给水方式的不同，可分为在建筑物屋顶架设水箱的"高层水箱供水"方式，在多层建筑上采用的"压力水泵供水"方式以及"水道直接供水"方式三种。根据给水管道分配情况的不同，可分为单系统管线和双系统管线，后者是将冲厕用水与厨房用水分开，其中冲厕用水的检测指标较低，尤其适合备有雨水收集利用水槽的餐饮空间使用。与室内设计相关的用水设备包括手盆、马桶、龙头等，使用时应尽量选择节水型产品。另外，餐饮空间对热水的需求量也很大，可使用天然气热水器为厨房进行集中供热。

5.2.2 排水设备

商业排水设备与污水来源及排水方式有关，餐饮空间厨房必须设排水沟等排水设备，同时最好配置滤油器，卫生间排水应尽量与厨房排水分开。在室内空间设计时，应考虑设备、设施在使用过程中的安装与维修，当排水管长度过长时需设置检查井。另外，各种排水器具上应使用具有防臭、防返味、防虫功能的水封或防臭阀。

5.3 暖通设备

依据《采暖通风与空气调节设计规范》（GB 50019–2003）、《公共建筑节能设计标准》（GB 50189–2005）等设计标准，创建出一个舒适、安全、节能的就餐环境。暖通设备设计包括通风系统设计、空调系统设计及供热系统设计。

5.3.1 通风空调系统

设计师应根据设计功能条件及建筑布局特点，制定出既舒适合理又节能环保的通风空调系统。

① 就餐区通风口的布局应根据顶棚装饰风格和要求，分区设置进风和回风空气处理机及排风机，以满足各功能区独立调节的需要，保证整个餐饮空间具有良好的通风环境。

② 厨房排风量应大于补风量，处理后的油烟由局部排烟罩排出，其中补风为处理过的新风及一部分自然风。

5.3.2 供热系统

我国目前的供热方式大致分为两种，一种是以北方为代表利用蒸汽或热水为热源的传统冬季供热方式，一种是以南方为代表的电能空调设备调节室内温度。前者受季节及建筑类型的限制较多，且只有供热一种方式，因此在餐饮空间中常采用空调设备对室内温度进行调温。从空调设备种类来说，可分为集中式中央空调和独立式分体空调两种，分设供冷和供热两种设置方式。在进行空调设备规划时，应根据空间特点及用途来设置，在设置的过程中注意以下几点。

① 出入口应减少外部空气的进入。除注意出入口的大小、位置、朝向，还可设置风帘、风斗等设施。

② 充分考虑顶棚的造型、高度、形式等与空调设备的配合情况。

③ 使用中央空调时，需按功能区进行分区控制，以适应不同的区域及用途。

④ 空调设备周围要留有一定的空间，以方便维修和清扫。

⑤ 空调设备应设置在室内中轴线部位，以保证空气的流通并避免家具的遮挡。

5.4 消防设施

依据《建筑内部装修设计防火规范》（GB 50222–95）、《高层民用建筑设计防火规范》（GB 50045–95）、《自动喷水灭火系统设计规范》（GB 50084–2001）、《火灾自动报警系统设计规范》（GB 50116–98）等，须对餐饮空间进行不同防火分区，并设置相应灭火设施及设备。在设置过程中应注意以下要点。

① 在餐饮空间内部根据环境特点，设置感温探测器、感烟探测器或红外光束感烟探测器。

② 在餐饮空间设计布局时应将可能产生火灾、火患的设备设置在耐火极限较高的材料作为墙体的建筑空间内。

③ 如餐饮空间面积大、通道多，在布局规划过程中应采用耐火极限较高的防火墙将大空间划分为一个个防火分区，避免火势及烟雾的蔓延，降低火灾损失。地上层每个防火分区最大允许面积为1000m^2，地下层每个防火分区最大允许面积为500m^2。

④ 餐饮空间可设置联动控制台，实现对消火栓系统、自动喷淋系统、排风系统、防火卷帘门、应急照明系统、电梯运行等手动或自动联动控制。如用于防火隔离的卷帘门一次落下，用于逃生通道上的卷帘门分两次落下，而应急照明系统通常采用两路电源，且应设置区域集中的蓄电池组供电，蓄电池组连续供电不少于45分钟，并在主要通道、交叉处等设置疏散指示灯及一定数量的应急照明灯，以保证火灾发生时顾客能够安全快速撤离。

思考与练习

1. 餐饮空间中内部空间设计包括哪些部分？每部分设计的要点是什么？
2. 餐饮空间设计中的空间组织方式有哪些？
3. 餐饮空间的空间界面设计包括哪几种？每种空间界面的设计重点是什么？
4. 餐饮空间设计中的配套要素包括哪些？
5. 选取一处优秀项目案例，分析其空间界面形式。
6. 绘制一个餐饮空间的弱电插座定位图及开关控制图，要求设计合理且规范，条件自拟。

第五章　餐饮空间相关要素设计

本章具体阐述了餐饮空间设计的相关要素，包括空间照明设计、空间色彩设计及空间陈设设计等方面，扩展了餐饮空间设计的广度与深度。

第一节　餐饮空间照明设计

照明设计是餐饮空间设计的重要元素，根据不同的使用功能选择合理的照度与照明效果，在尽可能采用天然光的前提下，创造出良好的室内光环境氛围。不同类型的餐饮空间可以具有不同的光环境表情，可以是安静优雅的，也可以是缤纷活跃的……餐饮空间照明不但对空间氛围的营造起着重要的作用，还潜移默化地影响着顾客进餐的食欲与情绪，最终关系到餐饮空间的经营状况。

1.1 餐饮空间采光方式

餐饮空间中的采光方式可分为自然采光和人工采光。

1.1.1 自然采光

自然采光是将自然光引入到室内的采光方式。在照明设计中，一般将昼光称为自然光，昼光是由方向性强的日光和天空漫射光组成。它是一种最为优质、高效、舒适的光源。人对自然光有种天然的亲近感，这种亲近感是人工光不能比拟的，因而在设计时应最大限度地利用自然光作为空间采光的主要光源，同时利用自然光也符合节能低碳的经济发展趋势。

自然采光可采用侧面采光和顶部采光两种方式，其中顶部采光是侧面采光照度的三倍。贝聿铭设计的北京香山饭店中庭即采用顶部采光的方式，充分利用自然光并通过光的影子、强弱、位置形成丰富的空间表情，为室内空间增加了一抹灵动的元素（图5-1-1）。但受建筑形式的影响，在餐饮空间设计中，我们更多采用的是侧面采光方式，因而在设计过程中需将窗口的朝向、位置、大小、形状等作为设计的重要问题，并兼顾通风、换气和安全因素。

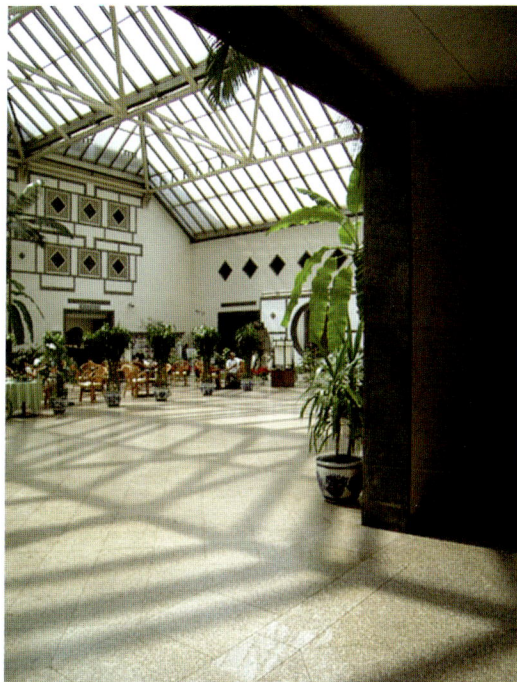

图5-1-1　北京香山饭店　贝聿铭
贝聿铭擅长运用"光线来做设计"，光线透过金属构架投射到室内空间界面上，形成丰富而微妙的空间表情

自然采光具有不稳定性，会随着不同季节、不同天气条件、不同时间呈现出不同的光照效果。特别是在晴朗的中午时段，光照较强时需借助窗帘、隔断或窗的自身结构变化进行调光和遮光，避免出现眩光问题。

1.1.2 人工采光

当太阳将光明赋予我们的时候，也将黑暗留给了我们。自然光的不稳定性，使人们经历了从火把、蜡烛、煤油等可供燃烧物质到工业革命之后的各种新式光源的探索历程。这些新式光源带给了人们前所未有的光明，同时也促进了人工照明设计理念的形成，将人们的关注重点从数量引向质量，人们开始从艺术和技术的角度去重新审视光。这些富有魅力的人工光带给我们一种全新的视觉体验，经过精心设置和调节可产生极为丰富的层次变化，对空间氛围及意境的营造起到重要的作用。人工光的可控制性是自然采光所不能替代的（图5-1-2）。

图5-1-2　酒吧是可控制人工光源最富魅力的展现

人工光源根据其不同的工作原理，可分为热辐射光源、放电光源、光纤光源、激光、LED等。常用人工光源见表5-1-1。

表5-1-1　常用人工光源特点及应用

光源名称	图例	发光原理	特点	应用
白炽灯（Incandescent Lamp）		俗称电灯泡，钨丝通过电流时被加热而发光，属热辐射光源	结构简单、价格低、显色性好、使用方便、应用广泛，但发光效率低，将逐步淘汰	环境照明
荧光灯（Fluorescent Lamp）		又称低压汞灯，由氩气和少量汞蒸气放电发出可见光及紫外线，而使荧光粉发光，属放电光源中的气体光源	可分为直管形荧光灯、环形荧光灯、紧凑型节能荧光灯，其中直管型荧光灯按管径大小可分为T12、T10、T8、T6、T5、T4、T3等规格（注：T=1/8英寸≈25.4mm）。其光效高、照度强、显色性好、寿命长	环境照明
金属卤化物灯（Metal Halide Lamp）		又称金卤灯，即充入金属卤化物，金属原子参与气体放电发光，属放电光源中的气体光源	效率高、显色性好、寿命长	重点照明
光纤灯（Fiber Optic Lamp）		一种以高纯度树脂（PMMA）为芯体材料的新型光源	能耗小、不发热、不带电、可塑性强等	环境照明情景照明
激光（Laser）		一种通过特殊装置发射出的，光束性极强的单色光源	视觉效果奇特	情景照明
LED（Light Emitting Diode）		又叫发光二极管、全固体光源	发光效率高、耗电量少、使用寿命长、无频闪保护视力、冷光源、无污、无辐射。灯光可变换出1670万种色彩，同时也是一种影像成像装置	情景照明

1.2 餐饮空间照明方式

在餐饮空间内，为营造氛围并强调室内光环境的整体感，需注重光的艺术性与表现性，可以通过多种照明方式营造出多层次的立体光环境空间。照明的应用方式很多，从照明功能上可分为环境照明、重点照明及情景照明；从照明散光方式上可分为直接照明、间接照明及漫射照明；按照明布置方式可分为一般照明、局部照明及混合照明等照明方式。

1.2.1 环境照明、重点照明及情景照明

（1）环境照明

环境照明又称基础照明或基本照明，是指在空间场所内的整体性照明。在餐饮空间中，环境照明为各功能区域提供基本的、照度均匀的照明功能，以保证人在内部行走、就餐、交往等基本活动的进行，还可为重点照明做铺垫。环境照明通常使用在整个就餐空间和工作空间，如厨房常采用大功率的荧光灯或筒灯。

（2）重点照明

重点照明也称局部照明，是指对在空间中所要突出及强调的空间或物品进行的局部照明。重点照明要比基本照明的照度水平高出三至五倍，使对象与背景之间形成强烈的视觉对比，以达到强调空间或重点展示的目的（图5-1-3）。如射灯等聚光性强的光源，其灯光的方向可调，设计时避免出现眩光、逆光现象。

图5-1-3 在环境照度较低时，可通过重点照明强调就餐环境的心理区域感

（3）情景照明

情景照明是充分利用光的艺术表现力来改善气氛的最简捷方法，有利于塑造个性鲜明的主题空间，具有独特的表现力和感染力。可用来营造氛围的灯光，如霓虹灯、激光、泛光灯等。

1.2.2 直接照明、间接照明及漫射照明

（1）直接照明

直接照明是指光源直接投射到被照物体或空间上，而不照射顶棚的照明方式，是环境照明和重点照明的最主要方式，如不透光金属灯罩、吸顶灯或嵌入式灯具等。

（2）间接照明

间接照明又称反射照明，是指光源通过物体反射而获得大面积漫射光的照明方式。间接照明可产生柔和的室内光线，对餐饮空间环境氛围的营造起着十分重要的作用。如不透明灯罩安装在灯具下方或暗藏在光槽中的光源等，其中暗藏在光槽中的光源首先照亮了受光面，再通过受光面的反射间接照明整个环境，我们只能看到柔和的光线却看不到光源的位置，既解决了直接眩光问题，又取得了良好的空间照明效果。影响间接照明效果的三个要素是光源与受光面的距离、光源的遮光效果以及受光面的条件。

① 光源与受光面距离。

光源与受光面要保持一个合适的距离，距离太近，光源发出的光无法在受光面上扩散开来；距离太远，光源发出的光向四周扩散，无法集中在受光面上（图5-1-4）。

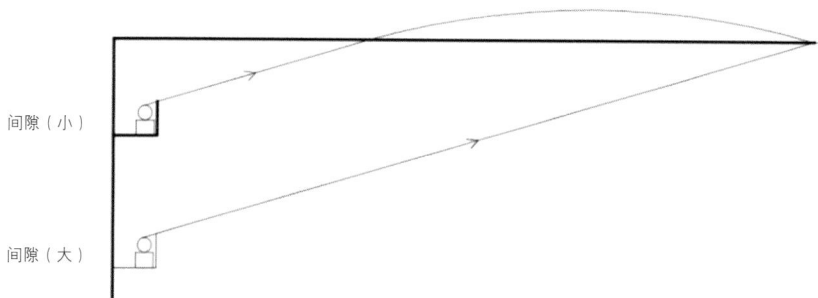

图5-1-4　光源与受光面距离与扩散的关系

② 光源在光槽中的位置。

为了获得柔和自然的漫反射效果，光源在光槽中的位置也需精心安排，既不要将光源暴露在视线中，也不要形成不舒服的遮光线（图5-1-5）。

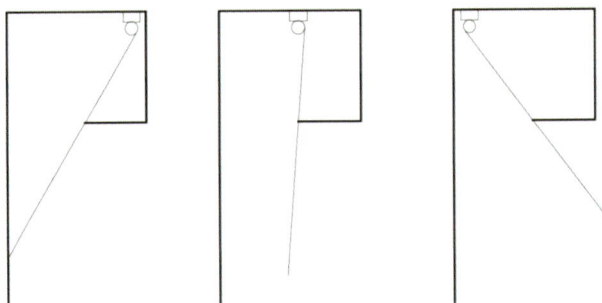

图5-1-5　光源的位置与遮光线的关系

③ 受光面表面材质。

为了能够产生均匀的漫反射光，需要具有无光泽的光滑表面（图5-1-6）。

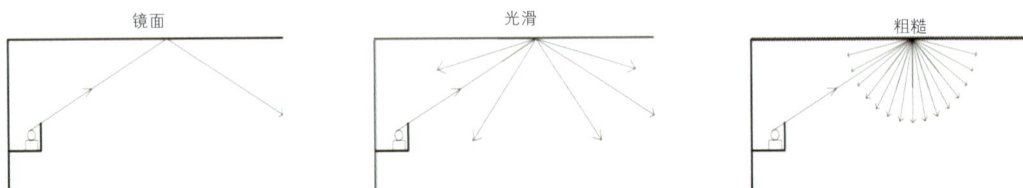

镜面　　　　　　　　　光滑　　　　　　　　　粗糙

图5-1-6　受光面的质感与反射的关系

（3）漫射照明

漫射照明是通过扩散光的形式进行的照明方式。漫射照明投射到各个方向的光线均等，光束边缘区域亮度衰减柔和，可照亮整个环境，如无灯罩、透光材质灯罩、光束角较宽泛的下射灯与上射灯、荧光灯等（图5-1-7）。

图5-1-7　柔和的光线透过半透明材质的吊灯，形成温馨的就餐气氛

此外，照明散光方式根据灯具位置及透明程度，还可分为半直接照明和半间接照明（图5-1-8）。半直接照明是指60%以上的光线投射到下面，其余光线照射到墙面或顶棚上的照明方式。半直接照明使室内较明亮，容易得到较柔和的照明效果，如半透明灯罩位于光源上方的吊灯等。半间接照明是指60%以上的光线投射到顶棚或墙面，再反射到室内的照明方式，其余光线直接向下扩散，给人以朦胧、舒适的视觉感，如半透明灯罩位于光源下方的灯具。

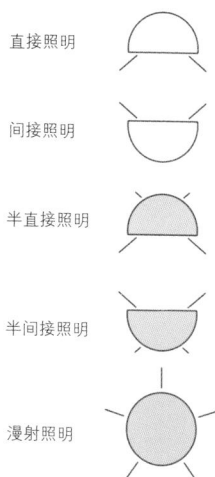

图5-1-8 按照散光方式划分的照明方式

1.2.3 一般照明、局部照明及混合照明

（1）一般照明

一般照明是指灯具均匀而规则的布置在空间中的照明方式，可获得均匀的照度水平，适用于对光的投射方向没有要求的空间，如仓库、办公区等。

（2）局部照明

局部照明是指不考虑周围环境，只为满足某部分空间的特殊光照需要而与周围环境形成较大亮度对比的照明方式。局部照明可保证精细工作的进行或小范围空间照度的需要，如吧台、橱窗等。

（3）混合照明

混合照明是指为了改善一般照明与重点照明的不足，由一般照明与局部照明混合而成的照明方式。混合照明将约90%的照度用于工作面上，将约10%的照度用于环境照明。餐饮空间照明通常为这种类型，既满足使用需求，又能形成丰富的空间层次，营造富有感染力的环境氛围。

1.3 餐饮空间照明质量

在餐饮空间中照明质量越好，越能给人带来愉悦的就餐心情，形成舒适的就餐氛围。餐饮空间的照明质量指标可归纳为以下几点。

1.3.1 照度水平

照度是用来表示被照面上接收光的强弱，被照面单位面积上接受的光通量称为照度，常用E来表示，单位勒克司（Lx或Lux）或流明每平方米（Lm/m^2）。适宜的照度水平是人们就餐与活动的基本条件，也是营造氛围的基本手段，它与照度的大小、照度的均匀程度有关，同时要综合考虑视觉舒适度、经济与节能等因素。餐饮空间各功能空间照度推荐值如表5-1-2所示。

表 5-1-2　餐饮空间部分功能区照度推荐值

序　号	名　称	照度推荐值（Lx）
1	包　房	100～200
2	散　座	100～200
3	宴会厅	150～300
4	卫生间	50～100
5	厨　房	100～200
6	通　道	50～100

1.3.2 眩光控制

眩光是指视野中出现不适宜亮度对比而引起的视觉不舒适和降低物体可见度的视觉条件。眩光是光污染的主要表现形式，按其产生来源可以分为直接眩光、间接眩光及对比眩光。在餐饮空间设计中，为营造舒适宜人的光环境，就要控制各种类型眩光问题的产生。

（1）直接眩光

直接眩光是指人直接看到没有被遮挡的强烈光源而造成的眼部不适，如太阳光、强烈的灯光等。在餐饮空间光环境设计中，可在满足灯光照度的前提下，限制视野内高亮度光源的可见性而采用间接照明的方式以减少直接眩光，可考虑带有遮光附件的灯具，例如格栅、遮光板或遮光罩等（图5-1-9）。

（2）间接眩光

间接眩光又称反射眩光，是指光源投射到光滑物体表面后形成类似镜面反射的反光。如光源照投射到表面光滑的菜单上反射至人眼后造成的影像不清及阅读不适，或在餐饮空间中常常使用的地砖、玻璃、不锈钢等光滑表面的装饰材料经灯光反射后也会形成反射眩光。为减少间接眩光造成的视觉影响，应依据镜面反射原理，即光线的入射角等于反射角，合理设置视点与光源的位置（图5-1-10），且在设计时考虑所选材质的反射特性，营造出舒适的光环境空间。

图5-1-9　灯具带有遮光设施，防止直接眩光的产生

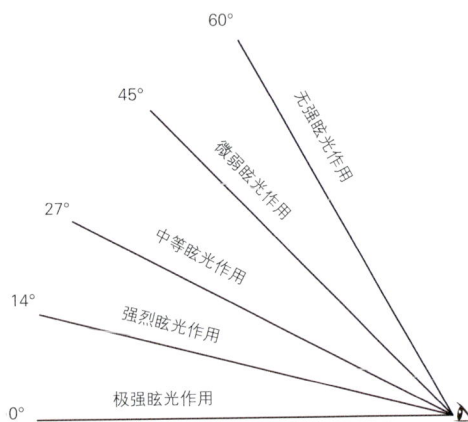

图5-1-10　发光体角度与眩光关系示意图

（3）对比眩光

对比眩光是指人从暗处突然到亮处造成的眼睛不适，眼睛感受的亮度受视觉环境的影响，环境亮度比低，人眼感觉舒适，反之环境亮度比高，就会形成对比眩光。因此在进行餐饮空间光环境设计时，除以营造氛围为目的的明暗对比外，避免在同一空间出现过大的明暗对比（表5-1-3）。在进行空间转换的过程中，需控制好光的空间过渡，使亮度比合理以减少对比眩光。

表5-1-3 光源与背景亮度对比效果参考

光源与背景亮度比	视觉效果
2：1～3：1	较适宜
10：1	较强烈
20：1	不舒适
40：1	特殊照明，如照射水晶

1.3.3 光源颜色

（1）显色性

显色性是餐饮空间照明中另一个重要的指标，是指光源对物体颜色呈现的程度，也就是颜色的逼真程度。显色性越高，则光源对颜色的表现就越好，颜色也越接近自然色。为了使食物（如肉、菜）看起来颜色更逼真，应该选择显色性较高的暖色光源，这样食物会比在日光照射下更加诱人。国际照明委员会CIE把太阳的显色指数定为Ra=100，一般餐厅在80以上，高档餐厅在90以上。

（2）色温

色温是表示光源光色的尺度，单位为K（开尔文），即将一个标准黑体（如铁）加热，温度升高到一定程度时颜色开始由深红—浅红—橙红—白—蓝，逐步改变，某光源与黑体的颜色相同时，我们将黑体的绝对温度称为该光源的色温（表5-1-4）。在餐饮空间中，一般选择高照度、高色温或低照度、低色温的光源，给人以舒适的感觉，反之就会让人感到闷热或阴冷（表5-1-5）。

表5-1-4 色温的视觉感受与心理感受

色温值	视觉感	心理感
<3300K	暖白	稳重、温暖
3000～5000K	白色	爽快
>5000K	冷白	清凉、冷

表5-1-5 照度与色温的关系

照度与色温	心理感
高照度、高色温	舒适
高照度、低色温	闷热
低照度、低色温	舒适
低照度、高色温	阴冷

1.3.4 灯具选择

餐饮空间中无论选择哪种灯具，都要与室内的整体装饰风格相一致，常用灯具种类见表5-1-6。

此外，光的质量标准还应考虑照明的均匀度、光照方向、对比度等因素。

表5-1-6　常用灯具种类

灯具名称	图　例	常用规格及种类	特点及应用
筒灯		筒灯按照安装方式可分为明装和嵌入式两种；按照防雾情况可分为普通筒灯和防雾筒灯；按照光源种类可分为普通筒灯和LED筒灯等。 筒灯常用规格为2寸、2.5寸、3寸、3.5寸、4寸、5寸、6寸、8寸、10寸（注：1寸≈33.3mm）	基础照明的最基本形式，属直接照明方式。筒灯是一种口径小，并嵌入吊顶内的灯具，其特点是外观简洁、隐蔽性好、整体感强，光线相对于射灯要柔和，可以得到均匀的整体照明，适用于大型办公、会议室、餐饮空间、住宅等
格栅荧光灯		格栅荧光灯根据安装方式可分为嵌入式和吸顶式；按照格栅材质可分为镜面铝格栅灯和有机板格栅灯等。 格栅荧光灯常用尺寸为： 600×600mm：2×14W、2×21W、3×14W、3×21W；600×1200mm：2×28W、3×28W等	一般与矿棉板格栅吊顶模块化配套使用，适用于快餐、办公空间、会议室、图书馆、学校、医院等
反光灯带		灯带为LED软灯带或T4/T5灯管组成，通常为暖色调，T4灯管为常用光源	一种间接照明方式，将灯具暗藏在顶棚内的一种照明方式，除提供向下的基础照明外，还可以增加空间的层次感，其最大特点是，在餐桌上不会形成阴影
吊灯		吊灯的款式和种类多种多样，它的造型和风格在很大程度上决定了餐厅的设计风格和品位。常用的有欧式烛台吊灯、中式吊灯、水晶吊灯、时尚吊灯等	吊灯是餐饮空间环境中满足基础照明及营造空间氛围的重要灯光形式，常用于面积较大或较高档的餐厅。在餐饮空间中，餐桌上方吊灯的理想高度是在桌面上形成均匀的照度，但又不会阻挡顾客的交流视线。吊灯超过5公斤需在天花预埋吊顶底座做加固处理，如吊灯安装在通道上，安装高度应在2200mm以上，避免人通过时碰到
壁灯		壁灯的样式和种类较多，常用的有水晶壁灯、金属质感壁灯等	作为气氛照明或一般照明的补充照明。在很多主题餐厅中，为了避免呆板的照明方式，常在一般照明中增加壁灯来补充照度的不足，丰富了空间层次。壁灯的安装高度应略超过视平线1.8m左右，且要做好灯具的遮光处理，避免产生眩光
射灯		射灯可分为下照射灯、轨道射灯、冷光射灯等	射灯主要用于重点照明、烘托气氛，也可局部照明

1.4 餐饮空间灯光设计原则

1.4.1 依据节能性设计灯光

在餐饮空间中合理进行照明控制，有利于节能减排，降低经营成本，其灯具选择原则为照度适当、无浪费光、低耗能、散热性好、安全可靠。尽量选择热转化率低的冷光源，如LED光源具有节能、环保、寿命长、维护系数低等特点。对照明的控制可配置智能照明控制系统，灯光控制模式根据餐厅光照及人流情况，提供不同场景的功能需要，如清洁模式、午餐模式、晚餐模式，并且可以实现与窗帘、空调等的联动。卫生间可采用自动感应控制，并可根据需要变更控制方式，在人多时将其状态改为常明。

1.4.2 依据功能性设计灯光

灯光设计按使用功能的不同，保证各功能区活动的正常进行，并通过灯光照度的强弱与色彩的变换划分不同的空间区域，使照明设计与装饰效果相对应。如在散座区，通常采用均匀的布置顶光，可选用嵌入式筒灯或装饰吊灯，卡座区上方会有与下部区域相对应的局部照明以显示出卡座区的重要性，有助于形成丰富的空间层次等。

1.4.3 依据目的性设计灯光

餐饮空间的灯光设计构成了室内光环境，其明暗、色彩、大小等因素直接影响到室内空间的气氛，而不同的灯光环境恰恰是构成不同风格餐饮空间的重要设计因素。例如对餐饮空间中有特殊照度需要的墙面、装饰品、植物、水景等进行重点照明。

1.5 餐饮空间中照明设计的作用

1.5.1 引导空间

人具有趋光性，可以根据这种特性将餐饮空间中的视觉重点通过灯光的排布与调控组织起来，达到引导空间的作用。灯光对空间的引导通常使用在走廊、通道等线性空间，如三个及三个以上光源或灯具就会形成强烈的导向性（图5-1-11），安全疏散灯光标识也是利用这一原理。另外，在光环境对比强烈的入口、服务台等位置，灯光也具有吸引顾客及方便顾客寻找的作用（图5-1-12、图5-1-13）。

1.5.2 限定空间

在餐饮空间中利用实体灯具或光的明暗及色彩来划分空间，形成不同的光空间序列（图5-1-14 ）。另外，利用餐桌上方的灯光范围，无需实体围合就可以形成就餐的区域感。

图5-1-11 特殊造型的灯光设计具有强烈的引导性

图5-1-12 吧台及入口灯光设计

图5-1-13 上海外滩某顶层酒吧
红色的漫射光使人产生一探究竟的冲动

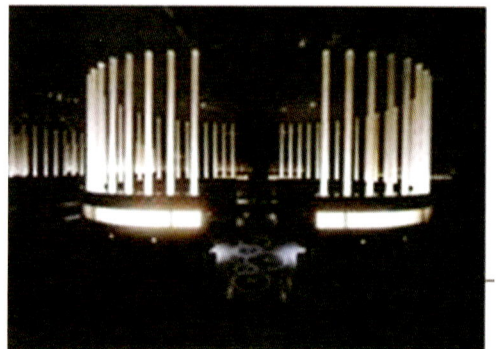

图5-1-14 通过灯光作为限定空间的手段而形成独特的视觉效果

图5-1-15 灯光作为烘托主题背景的点睛之笔，让人耳目一新

1.5.3 装饰空间

　　餐饮空间中的光不仅能够满足使用功能的需求，特殊的光照氛围还能起到特殊的装饰作用。在光的衬托下，空间细节的个性和重点被表现出来，丰富了空间的立体感和层次感。而与室内空间设计相协调的灯具本身就起到了很好的装饰作用，成为空间中的视觉焦点。我们还可以把光作为背景，用暗的基调衬托，作为点睛之笔的亮点，以剪影的形式来突出主题（图5-1-15）。

1.5.4 表现空间

灯光可以按照预期的设计需要营造出相应的气氛及状态，既可以给顾客一种温暖舒适的私密感，又可以给顾客一种独特的新鲜感。在餐饮空间设计中，可运用大量的间接照明的方法增添空间的神秘感和整体感，还可适当使用彩色光突出主题及渲染气氛。另外，现代科技的发展、声光电的综合运用，使光的表现手法更加丰富和富有时代性。如将触觉介入到光的表现中，运用红外摄像捕捉参与者的肢体动作，通过智能虚拟分析，投射出与参与者互动的运动影像，并可配合声音，形成真实的互动效果，有助于提升参与顾客对企业的信任度（图5-1-16）。

图5-1-16　利用互动交互影像技术的餐厅入口地面设计

1.6 主要类型餐饮空间灯光设计运用

中式餐厅通常需要烘托热闹、富丽堂皇的气氛，一般照度值偏高，照明光源采用直接照明与间接照明相结合的方法，常选择特色吊灯作为餐桌上方主光源，并借助壁灯、筒灯等作为辅助光源，中式餐厅的光环境根据装饰风格的不同，其差异性较大。

西式餐厅照明环境需要轻松、柔和、低调、安静的就餐氛围，整体照度水平较低，通常采用间接照明与重点照明相结合的方式，而特色装饰作为视觉中心进行局部照明。就餐单元的照明要与其私密性结合起来考虑，使就餐区域的照明略高于环境照明。

日式餐厅因其风格更强调与自然的融合，常通过直接采用自然光及模拟自然光的方式来表达对光的热爱，以体现出宁静致远的设计意境。室内通常选择显色指数较高的灯光，以表现出日餐中食物新鲜的特征。通过顶部照明解决餐厅基本的照度要求，在餐厅周围布置间接光源，以强调墙面纹理特征及肌理效果，餐桌上方常设置吊灯，并安装地灯以形成丰富的空间层次，使整个就餐空间充满亲切感。此外，室内景观的处理常使用投射照明，以此强调其造型轮廓及立体感。

宴会厅多为大型可变化空间，所以通常采用二方或四方连续的照明方式。宴会厅的光源由主体大型吸顶灯或吊灯组成，同时搭配筒灯、射灯或壁灯，以强调空间的立体化层次，烘托环境气氛。宴会厅中的灯具风格要与整体风格协调，并应尽可能选用显色性好的白炽灯，照度约为750Lux，为适应使用需求可安装调光器。另外，在礼仪台的区域应设置重点照明以增强该区域的视觉效果，强调其视觉中心的地位。

快餐厅一般选用简练而现代化的照明形式，采用500～1000Lux高照度、高均匀的布光来体现经济与效率，常采用格栅荧光灯或筒灯作为整体照明，通过装饰照明、广告照明、重点照明来营造强烈的商业氛围。

咖啡厅主要采用自然光与人工光相结合的照明方式，咖啡厅立面多设置成大面积玻璃窗或落地窗，为顾客提供良好的光照和视野。咖啡厅餐桌上方的灯光照度一般要低于周围，形成私密、亲切的谈话氛围，以显示咖啡馆休闲的气氛。

酒吧光环境与空间氛围营造方式及酒吧类型密切相关，通过灯光与色彩的配合激起消费者的消费热情。酒吧照度适中，酒吧后面的工作区和陈列部分要求有较高的局部照明，以吸引人的注意力并保证操作。吧台下可设置灯槽对周围地面照亮，给人以安定感和安全感，在餐桌上照明较高，利用明暗形成趣味化空间。

第二节　餐饮空间色彩设计

在餐饮空间设计中，色彩的变化和组合往往构成了顾客对餐饮空间的第一视觉印象，之后才慢慢地转向其他设计因素。巧妙利用色彩不仅可以创造特定的空间氛围，帮助顾客加深餐饮空间的整体印象，在某种程度上还可以促进顾客食欲，激发顾客潜在的消费欲望。餐饮空间的色彩设计应以顾客的心理为设计依据，并受使用功能、材料质感、灯光效果、设计定位等多方面因素影响，最终塑造出各种色彩性格类型的餐饮空间。

2.1 餐饮空间中的色彩与心理

每个人对色彩引起的心理效应不同，这是由于个体性别、年龄、经验、审美心理、意识形态等的差异，以及不同的历史时期、地域文化、民族信仰、民风民俗作用的结果。人们的审美观随着社会的发展而发展，同时也促进了室内色彩观念的进步。对餐饮空间色彩心理的分析，重点是研究色彩的视觉效应以及色彩的物理特性与色彩象征意义的关联。

2.1.1 色彩与联想

通过色彩来把握人们的心理，使所采用的色彩能够引起人们的联想与回忆，从而达到唤起人们情感的目的。人们对色彩象征意义的联想，会随着年龄的增长以及色彩经验的积累而变化。婴儿时期对色彩的反应是由生理机能决定的，随着年龄的增长，联想的作用便参与进来，这是由其生活经验的积累和文化知识的增长而产生的。因此在设计时，除了要遵循一般的色彩对比与调和原则外，还要综合考虑目标对象、空间主题、文化属性、应用材质等因素，准确利用色彩的效能迎合目标对象心理。

一般来说，年龄小、阅历浅的人对色彩容易形成具象联想，而知识丰富、阅历深的人容易形成抽象联想。不同年龄、不同性别会形成不同的具象及抽象联想结果。设计时可依据对不同人群色彩关联象征意义的理性分析，作为餐饮空间方案创意与构思的切入与依据。

2.1.2 色彩与冷暖

色彩的冷暖感主要是依据色相来划分的，可分为暖色系、冷色系、中性色系（图5-2-1），色彩的冷暖直接影响到人的生理和心理。从生理角度看，色彩对人有某种刺激或抑制的效果，它是以扩大肌肉和血液循环系统的方式影响人的冷暖感受的，暖色使人的血液流动加快，冷色使人冷静。因此将暖色系称为热色，即从红色、橙色到黄色，其中以橙色为最热；将冷色系称为冷色，即从青紫、青色到青绿色，其中以青色为最冷；将中性色系称为温色，即红色与青色的混合及黄色与绿色的混合。从心理角度看，色彩的感受常与温度感联系在一起，这是自然环境长期作用于人心理的结果。与阳光相近的暖色系给人炽热或温暖的感觉，而与冰雪、海水相近的冷色系则会给人冰凉或清爽的感觉。在生理和心理的双重作用下，形成了对色彩象征性的情感意识。因此，人们往往喜欢以暖色调为主的餐饮空间，让人倍感温馨的同时增加就餐食欲。

此外，环境色的影响也不可忽视，如小块白色在大面积红色的对比下，白色明显的带有绿色，即红色的补色影响到了白色。因此，冷暖感并不是绝对的，不能孤立地去看（图5-2-2、图5-2-3）。

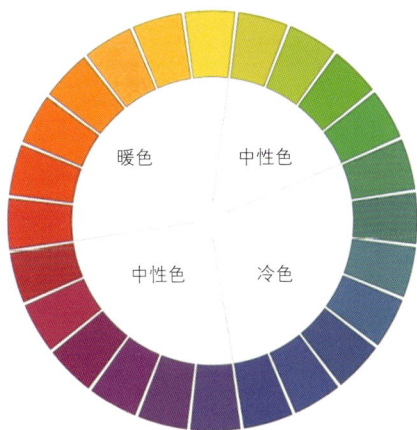

图5-2-1　色相环中的冷暖关系

图5-2-2　以冷色为主的餐饮空间

图5-2-3　以暖色为主的餐饮空间

图5-2-4 深色的地面适合营造优雅安静的就餐氛围

图5-2-5 通过色彩的渐变形成有序的空间序列效果

2.1.3 色彩与重量

色彩对物体的重量感也有很大的影响，主要取决于明度、纯度和色相，一般情况下高明度比低明度感觉轻，低纯度比高纯度感觉重，黄色比紫色感觉轻。另外，这种感觉还与人的经验、材料的质感、灯光效果等因素密切相关。在餐饮空间的色彩设计中，通常采用"上轻下重"的配色方法，以符合视觉的轻重规律，达到视觉平衡与稳定的需要（图5-2-4）。

2.1.4 色彩与空间

色彩还具有塑造空间的作用，利用不同的色彩和材质来界定空间，根据不同功能需要及空间变化要求，满足不同使用部位、使用性质、审美特点及个人爱好等要求，赋予某种象征性寓意，创造出风格各异的空间环境。此外，通过人的视觉反应可将色彩关系转化为色彩的空间距离感，如蓝色代表的冷色调具有被推远的感觉（图5-2-5）。

2.2 餐饮空间色彩设计原则

餐饮空间的色彩设计是一门实用性极强的综合性学科。餐饮空间首先要确定整体空间的色彩基调，然后再针对不同区域功能来设定匹配，其设计以餐饮空间的顾客情感需求、区域功能划分及特定气氛的营造为主要设计原则。

2.2.1 符合顾客情感需求

合理选用与搭配色彩，要考虑消费者的年龄段和性别对色彩的偏好影响。一般来说年轻人和儿童喜欢单纯、鲜艳的颜色，而中老年男性更喜欢褐色、灰色等深色系列，年轻女性喜欢粉色，年轻男性则更喜欢蓝色等。另外，还需考虑顾客不同民族文化和宗教背景的差异，避免出现忌宗教讳。因此，餐饮空间的经营者需要根据自身产品定位，寻找目标顾客所喜爱的色彩。

2.2.2 满足空间功能需要

色彩设计时需考虑空间的使用功能，除了通过其他设计要素来界定空间外，还可使用色彩的变化与组合来界定空间，不同的空间功能选择相应的色彩变化与组合，起到引导空间的作用及限定区域的作用。

2.2.3 利于渲染环境氛围

不同类型的餐饮空间具有不同的定位、功能与设计目标，因此其所营造的情调与氛围各有不同。充分把握顾客的心理感受，利用色彩的心理感、冷暖感、空间感等因素营造良好的就餐氛围，通过色彩的明暗和冷暖对比来创造气氛。

2.3 餐饮空间色彩设计运用

中式餐饮空间中既体现出中式风格的独特特征，又追求新奇张扬的个性风格。红色是中式餐饮空间中最常用的颜色。红色不但能增进食欲，在中国红色还具有吉祥、喜庆之意，红色已作为中式符号不断地出现在现代空间设计中。通过色彩的表达体现出"天人合一"的意境理念，是中式餐饮空间色彩运用的最高境界。

西式餐厅的设计风格多以浪漫、温馨、舒适为主，其色彩搭配常常突出异国的风情，色彩选择不宜过多，一般选择2~4种色彩即可，同时讲究色彩的呼应，使空间的整体氛围更加协调。

日式餐厅的色彩设计由于受到其文化、地理环境及饮食习惯等的影响，通常选用偏重自然及冷澈的色彩倾向，以彰显淡雅幽静的就餐环境特点。

宴会厅在色彩设计上为表达热烈、庄重的气氛，多选用红色、黄色、棕色等暖色系，以给人明亮、畅快、大气的感觉。

快餐厅由于停留时间短、就餐节奏快的特点，通常采用明快的色彩、单纯的颜色对比、简单的几何形体作为装饰风格。

咖啡厅的色彩设计通常具有安抚人心及格调高雅的特点，其色彩的选择应考虑顾客的阶层、年龄、爱好及咖啡厅类型等因素，如商务型咖啡厅通常选用冷色系，而复合型咖啡厅应根据不同的顾客群体进行选择，以此形成良好的色彩艺术氛围及就餐环境。

酒吧室内色彩浓郁深沉，常通过光与色的变幻营造富有层次的就餐气氛。酒吧的色彩设计应从人的生理、心理、环境等入手，其色彩选择及搭配应与酒吧的表现主题相一致，并应体现酒吧作为时尚前沿文化的流行性色彩的运用。

第三节 餐饮空间陈设设计

陈设泛指用来强化或美化视觉效果的具有观赏或文化价值的室内陈设物品。随着设计行业的快速发展与行业细分程度的提高，逐渐衍生出"室内陈设设计"这一新兴行业。陈设设计赋予室内空间生机与活力，是室内设计的延续，涵盖了室内设计、美学、产品设计等相关学科。室内陈设设计一方面着重从外表及视觉角度来强化空间设计效果，即满足装饰需求，另一方面强调满足人对空间环境的使用要求，即满足使用需求。

3.1 餐饮空间陈设分类

餐饮空间中的陈设品除了具有良好的观赏效果外，同时还具有强化空间主题，柔化空间性格，烘托特定氛围的作用。陈设涵盖的范围十分广泛，内容丰富且形式多样。餐饮空间的陈设设计主要包括家具、灯具、织物、雕塑、摆设、植物绿化、墙面装饰等内容。

3.1.1 家具陈设

餐饮空间中的餐台、餐椅以及服务设施是其内部的主要家具陈设。家具陈设是餐饮空间营业面积的主体构成，对空间整体形象和经营档次起着重要的作用。餐饮空间中的家具陈设样式丰富，布局灵活，应根据空间风格及功能需求合理选择家具，以满足设计要求，提高空间的使用效率。另外，家具的形式及尺度对空间的视觉影响较大，可通过家具的选择来把握对空间尺度的控制。例如餐饮空间面积较小时，应避免选择过于封闭的家具样式，以保证视线的畅通，使空间更显宽敞（图5-3-1）。

3.1.2 灯具陈设

灯具的首要作用是调节室内空间光环境效果，营造出独特的就餐氛围，同时造型独特的灯具本身就具有强烈的装饰作用。灯具应根据其使用要求及装饰风格来进行选择，例如在就餐区应选择显色性较好的直接光源，以促进顾客食欲。另外，灯光的冷暖、色彩、照度、层次也是灯具陈设设计的重要参考指标（图5-3-2）。

图5-3-1 通过选择合理的空间分隔方式既保证了视线的流通，又使空间富于层次变化

图5-3-2 精致而巧妙的灯光设计对顶部造型起到点睛的作用

3.1.3 织物陈设

织物陈设包括地毯、覆盖织物、帘幔、软包等，对餐饮空间室内气氛及格调的构成起到美化、烘托、调温、遮蔽及隔音等作用。

（1）地毯

地毯作为餐饮空间的地面铺装材料之一，具有脚感舒适、吸音降噪及良好的装饰效果等作用（图5-3-3），因其价格及维护费用较高，多用于高档餐厅及宴会厅使用。地毯按其原材料不同可划分为纯毛地毯、混纺地毯、化纤地毯及塑料地毯，按其产品形态可划分为块毯、满铺地毯及拼块地毯等不同种类。

图5-3-3　包房满铺地毯的设计

（2）覆盖织物

覆盖织物包括用于餐桌、餐台上的台布、桌裙、餐垫以及用于餐椅的椅罩、靠垫等，具有保护家具表面及良好的装饰作用。餐饮空间的覆盖织物要求质地挺括，颜色舒雅整洁，并应依据整体设计等来确定其质地、色彩及图案，以取得协调统一的室内装饰效果（图5-3-4）。

图5-3-4　将日本传统和风绘画图案经抽象变形后赋予在现代造型的餐椅上

图5-3-5 以麻绳为材质的帘幔

（3）帘幔

帘幔包括窗帘及各种形式的帷幔，是餐饮空间中极具感染力与表现力的装饰陈设，是营造及柔化空间的重要手段，同时还是纵向分隔空间的有效方式。利用纺织品不同的质感、肌理、图案等形成舒适浪漫的环境氛围。除了织物帘幔外，珠帘、竹帘等材质也别具风格（图5-3-5）。

3.1.4 雕塑及摆设

餐饮空间内的雕塑及摆设根据其尺度的不同大致可分为大型及小型两类。大型雕塑一般设置在入口或厅堂内，起到衬托及增强空间艺术层次的作用。小型雕塑及摆设，如瓷器、木雕等，可通过对其装置形式的设计呈现出不同的装饰效果（图5-3-6）。另外，餐具也是餐饮空间中的重要陈设之一，除了具有使用功能外，工艺考究及形式美观的餐具可以调节人们的就餐心情，有助于增加食欲，同时也是空间设计细节与风格要素的重要体现（图5-3-7）。

图5-3-6 "辽河渡口"餐厅雕塑及摆设陈设设计

图5-3-7 "辽河渡口"餐厅餐具设计与其独特的文化性相呼应

3.1.5 植物绿化

　　餐饮空间内绿化景观的设置，符合人们喜爱自然的心理特征，形成室内空间与室外空间自然景观的一体化设计，延伸了空间设计内涵，美化了空间环境，同时绿色植物也具有一定的室内空气调节的作用。另外，绿化景观的设置也可起到限定空间及遮挡视线的作用，以创造安静、隐蔽的就餐环境。植物绿化在餐饮空间中形式丰富，既可以是盆栽，也可以是用于限定空间的墙面绿化，还可以是以绿化为主的室内景观，这些形式多样的绿化设计让就餐者充分感受到就餐的自然氛围（图5-3-8）。

图5-3-8 形式多样的植物绿化设计

3.1.6 墙面装饰陈设

墙面装饰陈设大致分为字画及工艺品墙饰两类，其风格应与餐饮空间设计主题一致，对空间环境的营造起到画龙点睛的作用（图5-3-9）。

图5-3-9　形式丰富的墙面饰品

3.2 餐饮空间陈设设计原则

（1）人文性设计原则

工业文明的高速发展带给人们丰富的物质生活，但是人们也正慢慢湮没在庞大而冷漠的工业环境中，人们已逐渐开始关注周围的人文环境，并希望通过室内陈设来柔化及冲淡工业文明的冷酷感。一个富有生命力的设计，必定要有耐人寻味的文化底蕴作为支撑。陈设设计是以表达精神文化和思想内涵为着眼点，对空间环境的塑造及室内氛围的营造起着极其重要的作用，是其他设计要素无法替代的。餐饮空间通过陈设设计的人文性表达，将生命与活力、精神与价值、历史与文化注入到室内空间中，丰富了空间的内涵与境界。

（2）人性化设计原则

现代意义上的人性化设计，既以人体工程学为设计基础，同时也应符合人的情感需求。人体工程学通过对人体结构数据及生理心理等理性分析来探求人与机器之间的协调关系，将人更多的是作为一个物理实体来研究取得最佳使用效能的方法，而人性化设计则将人的不稳定性及个体差异融入到设计中去，陈设设计为提供这种最恰当、最适宜的影响提供了一种可能性。餐饮空间中对家具、织物、饰品等陈设的选择，应符合相应人群的心理及生理影响，从而唤起人的内心情感，并应体现出对特定群体乃至社会的情感关注，强调"以人为本"的社会综合发展新思路。

思考与练习

1. 餐饮空间设计中的照明方式有哪些?

2. 如何控制餐饮空间的照明质量?

3. 餐饮空间色彩的设计原则是什么?

4. 餐饮空间中的陈设设计包括哪些?

5. 根据本章学习内容,为某中型餐厅进行灯光照明设计,要求体现出照明层次,条件自拟。

6. 根据本章学习内容,设计一个面积约为400m²的中式餐厅,其色彩搭配应符合中式餐厅设计风格及特点,条件自拟。

第六章　专题餐饮空间设计

餐饮空间按经营风格可分为中式餐厅、风味餐厅、西式餐厅、日式餐厅等主要形式，按照经营业态形式可分为宴会厅、自助餐厅、快餐厅、酒吧、咖啡厅等主要形式。

第一节　中式餐厅设计

1.1 中式菜系介绍

餐饮文化是中国传统文化的重要组成部分，中华饮食文化源远流长，在世界上享有很高的声誉。在中国饮食文化史上，清初出现了鲁菜、川菜、粤菜和苏菜，清末加入了湘、徽、浙、闽菜系，以其悠久的历史和独到的烹饪特色被称为"八大菜系"（表6-1-1），以后又增加了辽、京、沪等菜系及各地少数民族风味美食。尽管菜系不断繁衍发展，但人们还习惯用"八大菜系"来代表我国多达数万种的风味菜。菜系既是一种饮食文化，也是一种地缘文化。一种菜系的形成与发展，是特定地域、文化、经济、习俗、物产等综合作用的结果。不同菜系的文化特征及烹饪特点对餐饮空间环境氛围营造和空间布局的安排具有一定的借鉴和参考意义。

表6-1-1　中国八大菜系

菜　系	代表地区	菜系特点	代表菜
鲁　菜	山东	选料精细，刀法细腻，注重实惠，花色多样，善用葱姜，擅长爆、烧、炸、炒、蒸、熘等烹调方法	葱烧海鲜、清蒸加吉鱼、孔府一品锅、德州扒鸡
川　菜	四川、重庆	麻辣、怪味、酸辣、椒麻等为特点，擅长小煎、小炒、干煸等烹调方法	鱼香肉丝、宫保鸡丁、回锅肉、四川泡菜
粤　菜	广东	讲究清而不淡、嫩而不生、油而不腻、烂而不糊，时令性强，以鲜、嫩、爽、滑、浓为特点，擅长煎、炒、炸、烧等烹调方法	脆皮乳猪、蚝油网鲍片、龙虎斗
闽　菜	福建	讲究刀工，原料入味透彻，制作细巧、美观，调味清鲜，擅长炒、炸、熘、煨、蒸、炖等烹调方法	佛跳墙、烧雁鹅、七星鱼丸
苏　菜	江苏	制作精细，因材施艺，四季有别，浓而不腻，味感清鲜，讲究造型，擅长炖、焖、煨、烧、炒、蒸等烹饪方法	松鼠鳜鱼、五味煮干丝、清炖蟹粉狮子头
浙　菜	浙江	菜式小巧玲珑，菜品鲜美爽滑，脆软鲜爽，制作精细、变化较多，富有乡土气息，擅长爆、炒、烩、炖、蒸、烤等烹饪方法	西湖醋鱼、龙井虾仁、东坡肉

（续表）

菜 系	代表地区	菜系特点	代表菜
湘 菜	湖南	油多色浓，注重香酥、酸辣、软嫩，有浓厚的山野风味，口味重于酸辣，擅长煨、炖、蒸蒸、干炒、烧、腊等烹饪方法	辣子鸡、洞庭野鸡、吉首酸肉
徽 菜	安徽	以烹制山珍野味著称，芡大、色浓、朴素实惠，擅长烧、炖、蒸，而少爆炒	火腿炖甲鱼、桃花鳜鱼、清蒸石鸡

1.2 中式餐厅风格特征

中式风格餐厅是我国餐饮文化最直观的表达，代表中国饮食文化的世界形象，在我国餐饮行业中占有重要的地位。中式风格餐厅通常运用中国传统符号及传统手法进行空间的塑造与表达，通过色彩、形态、符号、寓意等设计语言塑造空间，结合我国传统园林的造园方法及传统建筑空间的处理手法表达浓郁的传统民族氛围，运用现代材料与技术以及现代构成方法，将中式餐饮空间在传承中进行创新。中式餐厅风格主要分为江南园林风格、北方皇家风格及各种地方风格餐厅。

1.2.1 中式传统风格餐厅

中式传统风格餐厅设计受到广泛青睐，中国传统文化中"天地合一"的哲学精髓贯穿于餐饮空间的装饰氛围中，将饮食品质、审美体验、社会功能及情感活动融入到饮食环境中，体现出中国饮食文化的独特意蕴。中式餐厅设计的最高境界是对室内空间"意境"的营造，由于意境的涉入，使得室内空间"场域"效应油然而生，并以此传递着空间的思想与情感，赋予空间无形的力量。中式餐厅受中国建筑文化中皇家风格及南方私家园林风格影响最深，其他地方风格也为餐厅设计提供了更多选择与可能。但传统文化并非一成不变，墨守成规会让传统文化失去生命的活力，在餐厅设计中提取并整合中式元素及传统设计手法，运用新材料、新技术和现代构成方法，使整个餐饮空间设计更适合现代人的心境，更富时代魅力。

（1）江南园林风格

中国的传统文化追求与自然的结合，苏州园林正是中国古典私家园林的代表，多为文人墨客隐居的地方，甚至皇家园林也对其施法仿效，其魅力在于寓情于景的创作意境，表现出人与自然的和谐统一。苏州园林集中了江南园林精巧、秀雅的特色，经过两千五百多年的发展，苏州园林更趋完善，形成了以文人山水园为特色的园林艺术体系。与皇家园林风格相比，其规模较小、面积利用率高，色彩多为黑白灰色。

拙政园是苏州私家园林中最大最富盛名的一处古典园林，与北京颐和园、承德避暑山庄、苏州留园一起被称为中国"四大名园"。苏州园林的平面布局和空间处理最富特色，它不同于传统宫室中轴对称的规整形式，而是根据功能需要采用灵活而非规则的空间布局，同时讲究空间组织连接，利用借景、透景的方式增加空间虚与实的层次感，通过无源之水、倒影、小空间连接大空间、步移景异等方法来扩大空间（图

6-1-1、图6-1-2）。苏州园林对园中的建筑、山水和植物细部的处理也十分讲究，如窗的式样就有上百种。苏州园林更重要的是对"意境"的追求，通过象征与比拟、诗情画意等方法赋予人一种思想感悟的环境，如将莲荷、竹等植物的生长特性加以拟人化，赋予植物以某种精神象征意义，陶冶人的性情。

图6-1-1　左上 拙政园中的亭被描述为"如翚斯翼"，即像鸟张开翅膀要飞的样子
右上 贝聿铭以传统亭为原形，设计的现代的亭
左下 拙政园中最著名的"借景"，该塔为园外北寺塔
右下 拙政园"香洲"，通过倒影的方法扩大空间

图6-1-2　汲取江南园林空间组织方法及元素而完成的学生作业　朱常健

（2）北方皇家风格

北方皇家风格以北京的紫禁城为代表，气势恢宏，尺度规模较大，多为曲面大屋顶建筑，是皇家贵族办公、游玩、居住的地方。色彩多以黄色、红色、绿色为主，建筑以木质榫卯结构为主。紫禁城的规划与建筑布局采用中轴线的设计方式，依据功能、礼制秩序及等级进行排布，通过屋顶及建筑形式的不同来划分等级高低。其规划与布局还运用了五行学说的观念，讲究数字、图形、方位的象征意义（图6-1-3、图6-1-4），如性别中男性为阳，女性为阴；方位中前为阳，后为阴；数字中单数为阳，双数为阴。例如故宫的三大殿、九龙壁等，其中又以九为最高，象征权力至高无上的皇权；北京天坛呈外方内圆状，正是古人所寓意的"天圆地方"，即象征天地。

图6-1-3　左图　紫禁城象征皇权的三大殿
右图　从"天圆地方"演变而来的上海博物馆建筑设计

图6-1-4　通过色彩、灯光、传统符号的重构而成的现代中式餐厅设计　林伟而

1.2.2　中式地方风味餐厅

中国饮食文化博大精深，除传统中式风格餐厅外，还包括种类繁多的地方风味餐厅，对于地方风味餐厅的界定，主要从经营角度来考虑。中式地方风味餐厅是指经营某地或某民族特色菜品的餐饮空间，其目标市场是喜爱该特色地方风味的人群，如西北风味、四川风味、新疆风味、内蒙古风味等。地方风味餐厅设计应注重顾客的就餐

体验，地方风味餐厅强调菜品独特正宗，设计中常常提取地方风格浓郁的元素，与所经营菜品的地方风格相一致（图6-1-5）。

图6-1-5 "荣悦"川味特色餐厅设计

1.3 中式餐厅平面布局与空间构成

中式餐厅空间的布局与构成，如图6-1-6所示。中式餐厅根据其布局特点可分为中式对称式布局和中式自由式布局。

中式对称式布局通常以轴线为对称中心，在轴线一端常设礼仪台或表演台，座席平衡布置在轴线两侧。这种布局有较集中的视觉中心，适合于宴会厅等开敞、喜庆或热闹的空间，装饰风格常采用北方皇家风格设计元素经变形、重构、创新而成。

中式自由式布局通常根据功能分区将空间分割成若干区域自由灵活的组织在一起，适合于大多数现代中式餐厅设计。通常借鉴江南园林中的空间处理方式，通过借景、漏景、透景、小空间连接大空间、步移景异等空间处理方式划分室内空间，并以江南园林造园手法增加其内部景观节点，保证顾客就餐的私密性与情趣性。

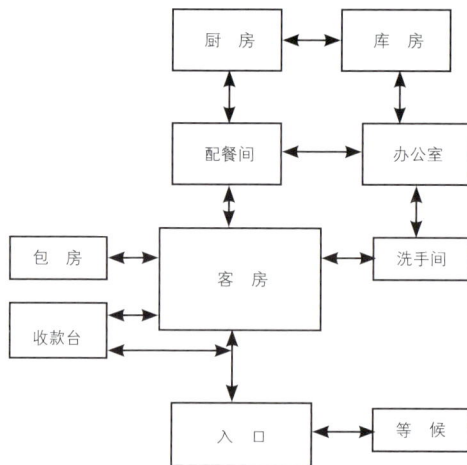

图6-1-6 中式餐厅空间布局与构成

第二节　西式餐厅设计

2.1 西式餐厅风格特征

　　西餐是我国对欧美各地餐饮文化的总称，通常指法国、美国、英国、俄罗斯、意大利、德国等为代表的餐饮文化，它们既有共性又有个性。西餐厅以淡雅的色彩、柔和的光线、恬静的气氛、精致的餐具等构成了空间环境的主要特征。目前，我国西餐厅的主要风格是以法国为代表的欧式风格及以美国为代表的美式风格为主。

　　法国菜享誉世界，位居世界西菜之首，其特点汁多味腴、口味清淡、追求鲜嫩、冷热交替，饮酒与菜肴搭配讲究（图6-2-1）。法式服务通常是西餐服务最为周到的，用餐时每桌配一名服务员及一名助手，配合着为顾客服务。注重服务表演，菜食的制作在客人面前完成至半成品，正餐有十三道之多，且每上一道菜都撤掉之前的餐具并清理台面，因操作及表演需占用一定空间，在设计时应考虑相应服务流程并设置相应的服务空间，因此法式餐厅中餐桌间距较大，既便于服务又提高了就餐档次。餐厅的装饰豪华高贵，多以欧洲宫殿风格为特点，使用高档而精美的餐具，注重灯光、音响、餐具等的配合。

图6-2-1　法式菜肴汁多味腴、精美讲究

　　例如位于上海东方艺术中心的"巴黎上海"法式餐厅，典型的法式餐桌布置方式，老式留声机似乎在诉说着逝去的故事，典雅的环境氛围加上艺术品般精致的美食，让人不禁联想到16世纪法国贵族们的奢华就餐场面（图6-2-2）。

　　美式菜肴是在英式菜肴的基础上发展起来的，口味咸中带甜，讲究方便快捷、原汁鲜味。美式西餐厅经营成本低且传入我国时间较早，是目前我国西式餐厅的主要经营形式。相对于法餐的繁琐礼仪，美国的饮食文化服务相对简单，餐具和人工成本较低，客人较自由。上菜时一律用左手从客人左侧上，撤盘时用右手从客人右侧撤，主菜上完后上甜品，并撤盘整理台面，一名服务员可同时服务几桌客人。餐厅的装饰风格在传承欧洲文化的基础上结合美国自身文化特点，而衍生出的一种独特的餐厅设计风格。美式西餐厅实际上是一种混合风格，在同一时期内受到多种风格的影响和融合，时而古典，时而乡村，时而狂野，强调简洁明晰的线条和装饰，注重细节与品质。

例如北京"星期五"西餐厅，简单的红白条纹台布和精美的彩绘吊灯使安静的餐厅带上一丝温暖，实木材质的墙面装饰及桌椅最能体现质朴醇厚的感觉，让美式乡村风格的餐厅充满质朴又浪漫的感觉（图6-2-3）。

图6-2-2　"巴黎上海"法式餐厅设计

图6-2-3　"星期五"西餐厅设计

2.2 西式餐厅平面布局与空间构成

西餐厅的平面布局常采用较为规整的方式，其平面布局及空间构成如图6-2-4所示。酒吧柜台、三角钢琴都是西餐厅需要考虑的设计因素。在较大的西餐厅中，钢琴通常成为整个餐厅的视觉中心，常采用抬高地面的做法甚至加上顶部与之相呼应的限定构件来强化这种中心感。钢琴除了可以作为视觉中心外，其优美的旋律也是餐厅必不可少的。西餐厅特别强调就餐单元的私密性，这一点在平面布局时应得到充分的体现，可通过多种方法实现，如利用降低地面、增加围合或利用光线明暗来营造。西餐厅除酒吧柜台外通常使用长方桌或方桌，桌椅形式有2人、4人、6人、8人等，其中6人长方桌长边为2000~2200mm，短边为850~900mm。西餐厅通常使用线角、柱式、拱券等装饰元素。

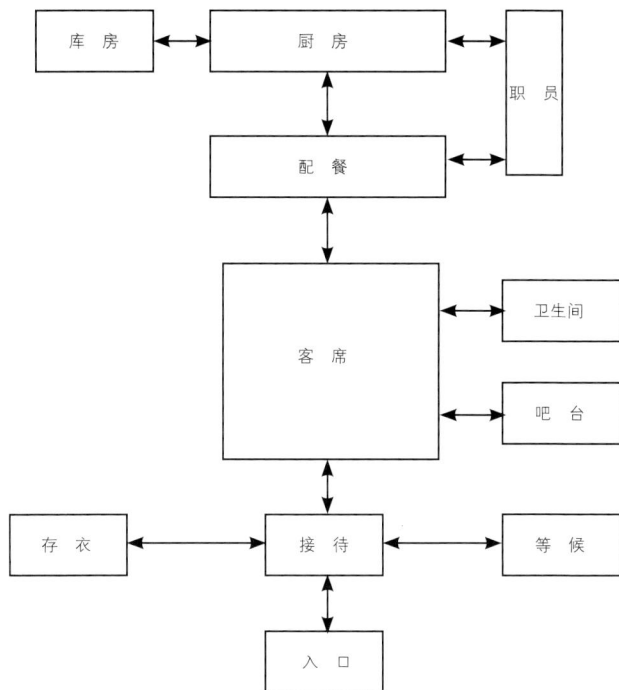

图6-2-4 西式餐厅平面布局与空间构成

西餐厅与中餐厅厨房相比，主要是煎、炸、烤、煮等加工方式，产生油烟较少，厨房较干净。此外，西餐厨房中分工明确，厨房用具繁多且用途专一，用具器皿多为不锈钢制品。开敞式厨房在西餐中较为常见，厨师高超的厨艺展示变成顾客就餐环境的一部分。由于西餐中半成品较多，厨房面积一般为总面积的1/10左右。理想的平面布置应先决定厨房的位置和面积，并由经营者和厨房专业顾问根据经营内容及加工流程来确定。

第三节　日式餐厅设计

3.1 日式餐厅风格特征

在推行低碳环保主义的今天，人们更追求一种自然、朴实的生活方式。日本传统室内设计中"宁静、致远、自然"的设计理念为人们提供了一个解决方向。挖掘日式美学的深层底蕴，结合日本饮食文化特征、传统装饰元素以及文化景观场景，最终体现日式餐饮空间独特的文化氛围。

图6-3-1　刺身　最出名的日本料理之一

饮食文化是日本文化的重要方面，其精神核心离不开所处的自然环境，自然环境决定了其饮食形态。日本四面环海，海产丰富，注重食物的原汁原味，口味清淡，多以煮、烤、蒸为主。日本料理又称"和食"，主要分为本膳料理、怀石料理和烧烤三类。日式料理不但注重味觉，更重视视觉的享受。如不同的食物要选择不同的食器，餐具多以瓷器、陶器及木器为主，形状除圆形以外有片状、莲座状、八角状等各种形状，并使用尺寸较短表面光滑的筷子作为取食工具。食物色彩搭配及摆放也十分讲究，如刺身（即生鱼片）的搭配及摆放体现出山水的感觉，将章鱼、海胆、贝类等切成条、片、块状组合，近处犹如连绵起伏的山峦，远处的植物和菊花，像是苍翠的远山，给人以美好的联想（图6-3-1）。

日本经济文化高度发达，对就餐环境的要求也较高。日式餐厅风格受日本和式建筑的影响，讲究空间的流动与分隔，运用障子或屏风作为划分室内空间垂直方向的主要分隔方式，不但可以增强室内空间的流动性，还可以起到强调空间的作用。而榻榻米作为其水平方向的主要分隔方式，以其标准化的模数体系，让狭小空间具有明快的视觉效果。日式餐厅一般采用清晰的线条，有较强的几何感，最大限度地强调其功能性，装饰及点缀较少。注重室内材质的天然特性，材料以石、竹、原木等自然材料为主，通过肌理的对比、颜色的控制来保持空间的连续性。日式庭院在日式餐饮空间中也得到了极大的运用与发展，池泉与枯山水在日式餐饮空间中作为缩小景观场景运用的也十分普遍（图6-3-2）。简约主义与日式餐饮空间的融合，将餐饮空间设计推向了一个新的高度（图6-3-3、图6-3-4）。

图6-3-2　日式枯山水景观设计　　　　图6-3-3　南京浩之源日式料理店　李浩澜　　图6-3-4　南京浩之源日式料理店　李浩澜
　　　　　　　　　　　　　　　　　　　　　　　日式柜台席　　　　　　　　　　　　　　情侣对座

3.2　日式餐厅平面布局与空间构成

　　日式餐厅平面布局及空间构成，如图6-3-5所示。日式餐厅主要的空间构成包括客用餐厅、备餐前台及厨房等。客用餐厅包括座椅席、柜台席（图6-3-6）、榻榻米席、包间式榻榻米席及广间。厨房面积分配情况见表6-3-1。

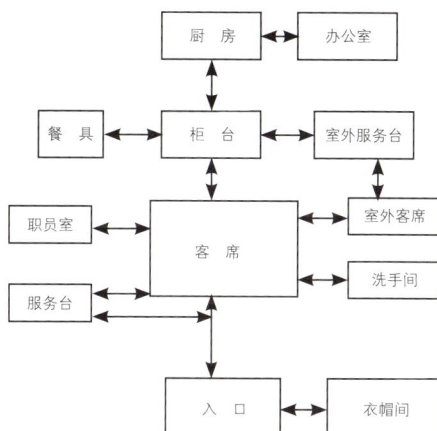

图6-3-5　日式餐厅平面布局与空间构成

表6-3-1　厨房面积分配情况

空间分类	面积比例（100%）	功　能
食品库	8.5%	贮藏调味品、油、盐、米等
冷冻冷藏库	18.5%	鲜鱼、肉、蔬菜、豆制品
操作调理空间	57%	配菜、制作、烹饪
清洗贮藏空间	8%	炊具、碗具清洗、暂时存放等

图6-3-6　日式餐厅柜台席

第四节　宴会厅设计

4.1 宴会厅设计简述

宴会厅通常设置在高档酒店内，一般作为大中型餐饮及礼仪的场所，可供中餐宴会、西餐宴会、鸡尾酒会、冷餐会、会议等使用，因其可满足顾客的多样化需求，在近几年得到了迅速的发展及应用。宴会厅通常面积较大，容纳人数较多，因用餐目的、人数及标准不同，宴会厅的环境布置、服务程序都应根据具体情况而定，其设计效果应着力渲染气氛，注重灯光及音响效果。

4.2 宴会厅平面布局与空间构成

宴会厅的平面布局主要受到营业性质、面积、餐室内容等的影响，并要考虑日后的发展，可进行布局调整及扩充。宴会厅一般由大厅、门厅、衣帽间、贵宾室、音响控制室、家具储藏室、厨房等构成（图6-4-1）。

宴会厅应设置主背景以满足礼仪、会议等的要求，一般设置固定或活动舞台并将其设置在大厅视觉中心的明显位置，但舞台设置不能干扰顾客流线及服务流线。贵宾室通常设置在紧邻舞台的位置，并设有专门通道（图6-4-2）。为了能够更有效地利用空间，还可以根据使用人数和群体，将宴会厅划分为多个小空间，以适应不同顾客群体的需要，目前较好的方法是采用悬吊式活动隔断的方法来解决。

宴会厅的出入口应独立设置，如条件允许可设置接待厅等过渡空间，以利于顾客的集散，出入口门的净宽不小于1.4m，并向疏散方向开启，且需根据消防规范设置多道疏散门。宴会厅的顾客动线与服务动线应避免交叉，由于宴会厅的面积一般较大，一个服务口通常难以满足使用要求，因此在宴会厅的一侧常设服务廊，服务廊可开设两个或两

个以上的服务口。同时宴会厅与厨房要有独立的交通空间，备餐间出入口可采用错位或
转折处理以避免顾客看到内部，并注意避免厨房噪音的干扰和油烟的窜入。宴会厅周边
应设置一定面积的存储空间，存储转换不同功能时多余的家具与用品。宴会厅应设贵宾
室、专门的音响及灯光控制室，并设置专用卫生间以满足较多客人使用。为了满足大量
人流的集中使用，应设置与人流数量相匹配的专用客梯及辅助楼梯（图6-4-3）。

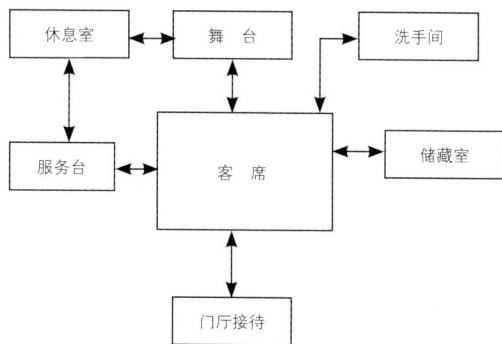

图6-4-1　宴会厅平面布局与空间构成

图6-4-2　富建大酒店宴会厅设计

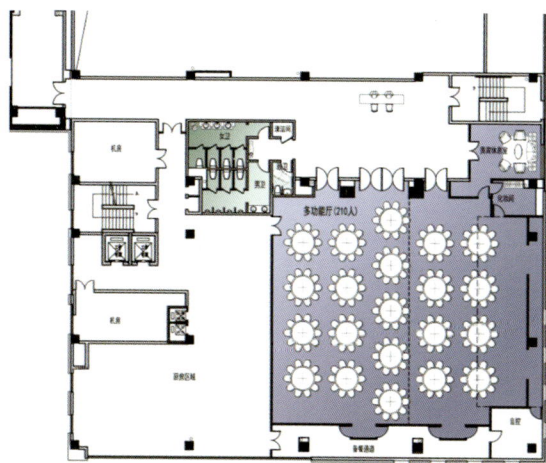

图6-4-3　富建大酒店宴会厅平面布置图

第五节　自助餐厅设计

5.1　自助餐厅设计简述

　　自助餐是一种顾客根据自己意愿自助取食或自烹自食的供餐方式，以适应性广、制作简便、取食方便、形式自由、挑选性强为主要设计特点，其就餐形式应与食品特点搭配协调。自助餐消费群体较为广泛，其菜品品种丰富、种类齐全、营养均衡、色泽诱人、造型美观，多为大众消费者易接受的菜品品种，大型自助餐菜品品种甚至多达上百种，自助餐厅可以较好地处理众口难调的问题。自助餐适宜家庭、朋友等聚餐，就餐氛围轻松、随意，但与宴会厅就餐形式相比，缺乏正式性。如具有特定的消费群体，应按照其生活习惯及口味偏好进行设计。自助餐厅采用开敞式厨房、近距离服务的模式，可大大减少服务人员的数量，从而降低餐厅的用工成本。近年来不少火锅、烧烤、披萨饼、海鲜等也采取了自助的形式（图6-5-1）。

5.2　自助餐厅平面布局及空间构成

　　自助餐厅平面布局与空间构成，如图6-5-2。自助餐厅应着重注意平面布局及使用功能的合理性，自助餐厅通常采用开放式的空间格局，应根据具体需要在其中进行适当的分区与分隔。食品陈列区域应按照类别设置在餐厅中心部位或一侧，以方便每个区域的顾客都能快速的拿取食物以及服务员及时增加菜品，并在取餐台前方留有足够的取餐空间以方便顾客取餐。取餐台通常为自由流动型，流线设计需要考虑周密，通道宽敞清晰，避免顾客往返流线的交叉与干扰。

图6-5-1　自助餐厅设计

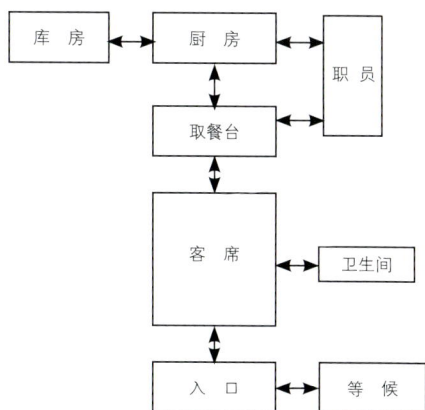

图6-5-2　自助餐厅平面布局与空间构成

第六节　快餐厅设计

6.1 快餐厅设计简述

快餐是在人们生活节奏加快的生活模式下衍生出来的一种新型供餐方式，起源于20世纪工业发达的美国，是餐饮行业工业化的产物。世界第一家快餐厅是1937年开设的麦当劳餐厅，该餐厅目前在我国的数量已达600多家，并预计以每年100家的数量递增。以麦当劳快餐为代表的快餐连锁经营模式，经过几十年的发展已经成为餐饮行业的主导模式。其主要特点是产品数量少，易于大批量生产；半成品，制作及就餐时间短；特许连锁店经营，以规模和数量取胜。

经过不断地学习及发展，快餐连锁成为目前我国发展规模最大的业态形式，快餐领域更容易实现规模化，拥有更高的经营效率。但因我国管理水平滞后并没有出现太多优秀的快餐连锁企业。中餐与西餐相比实现连锁难度较大，特别是在菜品上和味道上很难实现严格的标准化，知名企业在积极推广直营连锁或特许连锁经营模式，成为行业连锁的骨干力量（图6-6-1）。

图6-6-1　快餐厅设计

6.2 快餐厅平面布局与空间构成

快餐厅平面布局与空间构成，如图6-6-2所示。快餐厅平面布局直接影响到服务效率及经营效率，因此在布局时应设置简洁、清晰，最大化安排座椅，尽可能将桌椅倚墙排列，其余以岛式配置于餐厅中间，座位以4人、2人居多，尽可能最有效地利用空间。快餐厅通常采用自助服务的方式，应按照顾客行为进行动静分区及流线的安排，保证顾客就餐区域设置的便捷性及安全性。快餐厅布局开敞明亮、装饰简洁，顶棚多为矿棉板与格栅灯或石膏板与筒灯结合使用的平式吊顶，配合少量吊灯。

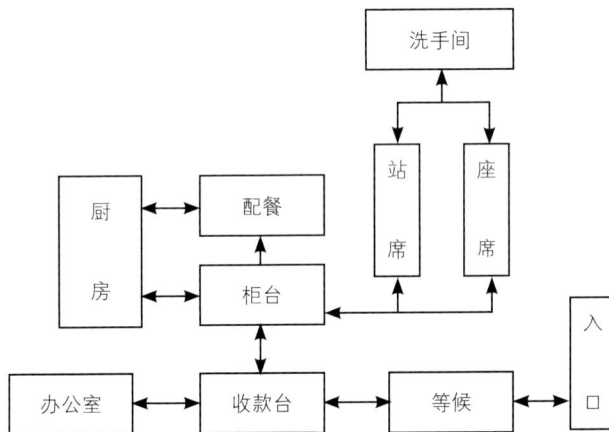

图6-6-2　快餐厅平面布局与空间构成

第七节　酒吧设计

7.1 酒吧设计简述

酒吧作为休闲交际和享受酒文化的场所，是当代人的一种重要的消遣和生活方式，是满足人们生理、情感、心理等需求的交往餐饮空间。酒吧作为一种舶来品，带有一定的异域特色。酒吧根据经营特点大致分为演艺酒吧、慢摇酒吧、休闲酒吧、沙龙酒吧等。演艺酒吧以演艺为主导，结合顾客需求及地域特点，通过精心策划的节目作为酒吧的经营特色；慢摇酒吧是一种全新理念的酒吧，通过DJ的慢摇舞曲为主导，以HIP-HOP（嘻哈）、R&B（蓝调）为主要音乐风格，将潮流音乐与酒吧文化融为一体，更具震撼感和冲击感，与演艺酒吧相比更强调顾客情感的交流；休闲酒吧又称清吧，环境温馨优雅、灯光柔和，满足顾客放松、交流、约会等社交目的；沙龙酒吧又称俱乐部酒吧，由具有相同兴趣爱好或社会背景的人群组成的社会团体，定期举行不同主题的聚会（图6-7-1、图6-7-2）。

图6-7-1 广州"哈乐"演艺酒吧

图6-7-2 "觞爵"德奥餐酒吧
酒吧的时尚与现代风格再加上一丝淡淡的艺术气息

7.2 酒吧平面布局与空间构成

酒吧的平面布局与空间构成，如图6-7-3所示。

演艺酒吧最大的特点就是中间有舞台，周围顾客可以观看各种演艺节目，演艺吧与一般酒吧差别较大，更像是宴会厅。

慢摇酒吧通常设置小型舞台，可将舞池与座位区分开设计，形成合理的动静分区，使具有两种不同需求的顾客互不干扰，座位区的顾客在品酒的同时也会有舞动一曲的冲动。舞池与座位也可以没有明显的界限与区域划分，使整个空间融为一个欢乐的音乐海洋。吧台是整个酒吧的中心及其文化的重要体现。

休闲酒吧相对于演艺酒吧和慢摇酒吧会更加安静，以轻音乐为主，适合与人交流、聊天、沟通情感等。主要供应各种酒类及各种小食，还有国际象棋、飞镖等娱乐活动。

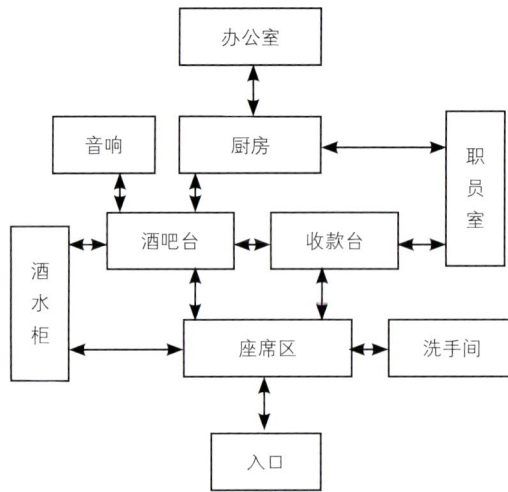

图6-7-3　酒吧平面布局与空间构成

第八节　咖啡厅设计

8.1 咖啡厅设计简述

咖啡厅是以咖啡为主，配以简餐的供餐方式。咖啡厅内的饮品主要有意式咖啡、单品咖啡、花式咖啡及各种饮料。每种咖啡都有自己的特性，经过后期加工会产生不同的口感和外观。如泛着牛奶泡沫的意式卡布奇诺咖啡，以单一产地咖啡豆磨制而成的单品蓝山咖啡或以同一港口出品的单品摩卡咖啡以及加入牛奶比例比卡布奇诺多一倍的拿铁咖啡等（图6-8-1）。

图6-8-1　左图 蓝山咖啡，咖啡中的极品，品尝其原味通常不加糖等调味品
右图卡布奇诺咖啡表面做拉花处理

近几年由于人们对生活质量的追求，咖啡厅的数量也急剧增加。咖啡厅根据其经营形式可分为大型连锁式咖啡厅、休闲式咖啡厅以及目前较为流行的多种经营业态形式相结合的网络式咖啡厅、书店式咖啡厅等（图6-8-2）。其中，大型连锁式咖啡厅一般为国际或国内知名连锁店，通常规模较大、地段位置较好、租金较高，如全球最大的咖啡连锁店星巴克于1999年正式进入中国，其过人之处在于既创造了统一的店面外观，又结合不同地点使每家店各具特色，吸引了为数众多的注重享受、休闲、小资的城市白领。休闲式咖啡厅一般为私人经营的小型咖啡厅，注重咖啡厅的特色和主题，具有轻松而又独特的环境氛围，适合休息、交谈及会友等。

图6-8-2　"铜道"艺术咖啡馆　经营者为一位资深铜雕大师，将铜雕作品巧妙地布置在空间中，将多种经营巧妙地融合在一起

8.2 咖啡厅平面布局与空间构成

咖啡厅平面布局与空间构成，如图6-8-3所示。在咖啡厅的内部空间划分时，应充分利用墙体、柱、空间基本形态等，因势利导地利用空间并通过隔断、家具、设备等对空间进行合理的动静分区，使室内空间具有尺度合适的座席及安全便捷的交通流线。人们在咖啡厅内往往会停留数个小时，因此咖啡厅设计也应具有良好的室内通风。

咖啡厅内较安静，对噪音的控制有较高的要求。首先，在门厅形成封闭式过渡空间，将外部噪音隔绝在入口处。其次，将室内空间中通风、空调设备进行有效地隔声处理。最后，选择适宜的装饰材料，如木材、软包等，将装饰效果与声学技术统一起来，既可以满足室内的声学效果，又能起到良好的装饰效果。另外，咖啡厅由于就餐特点，餐具不会过多，因此餐桌桌面较小，多采用2～4人餐桌形式。

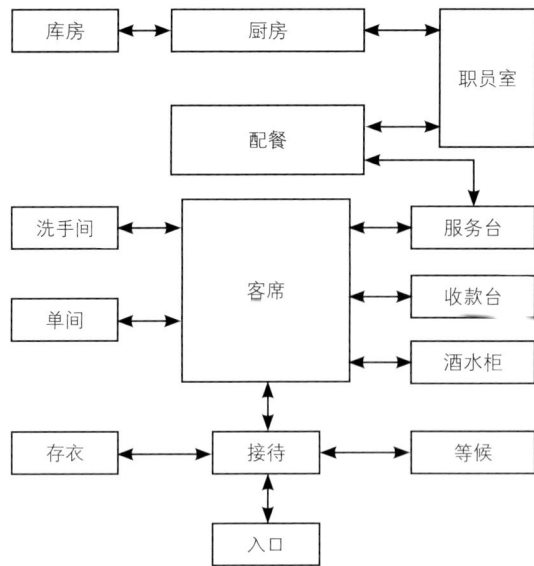

图6-8-3 咖啡厅平面布局与空间构成

思考与练习

1. 中式餐饮空间的风格特征有哪些? 其空间设计特点是什么?

2. 西式餐饮空间的风格特征有哪些? 其空间设计特点是什么?

3. 宴会厅的设计要点有哪些?

4. 咖啡厅设计要点有哪些?

5. 根据本章学习内容,以"创新"为设计主题,设计一处酒吧,面积约为400m²,条件自拟。

6. 根据本章学习内容,设计一个面积约为400m²的日式餐厅,条件自拟。

第七章　主题餐饮空间设计构思与创意

本章以主题餐饮空间的构思与创意为切入点，详细阐述了主题餐饮空间的概念与发展前景，对主题的来源、构思及表达方法进行了有益的梳理，为学生展开具体性设计打下了坚实的基础。

第一节　主题餐饮空间含义

1.1 主题餐饮空间概念

主题餐饮空间是将某种主题概念或某种要素与饮食服务结合起来，使主题成为顾客最容易识别的空间特征，让就餐过程成为一种全新就餐体验的空间形式。主题餐饮空间设计规划包括空间、色彩、灯光、材料、陈设、菜品及服务等。通过顾客对就餐环境及设计元素的观察与联想，达到某种期望的主题情景，引起人心灵上的共鸣，如漫画主题餐厅、辽河文化主题餐厅等。

1.2 主题餐饮空间设计前景

主题餐饮空间是目前较为流行的餐饮空间设计形式，这一概念兴起于20世纪五六十年代的欧美，中国大陆出现这种主题餐饮形式大概是在20世纪90年代。餐饮企业面临着巨大的机遇和挑战，为了生存与发展对设计提出了更高的要求。设计为餐饮企业提供的不仅仅是图纸，还需要通过设计树立品牌形象、推广品牌文化、制定服务营销策略等，使餐饮企业在市场竞争中获得更多的文化附加值。主题餐饮空间设计为创建与发展餐饮企业品牌效应提供了一种可能性，强调了在体验经济下的设计与服务的重要关系，为餐饮行业注入了新的活力，引发了餐饮行业的结构调整。

第二节　主题餐饮空间设计切入

2.1 餐饮空间设计主题策划

主题餐饮空间设计的最终目标，是通过选择合适的主题深入顾客的心中，通过传达深层的主题信息，创造出引人入胜的空间环境形象。主题的策划与确定应体现出顾客、经营者及设计师三者之间的相互关系，即在餐饮主题的策划中设计师应服务于经营者的运营需求，满足顾客对环境的心理期待，但不要进行过分的主题设计，以免削弱功能，主次不分。

餐饮空间设计主题的策划与确立的设计要点有以下几个方面。

2.1.1 定位准确

餐饮空间的设计主题需要设计师根据市场调研、投资分析、经营定位、目标群体、区位选择、菜系特点等内容，并经过与甲方充分的交流和沟通后才可确定。设计主题确定时要充分考虑目标群体的需求特点，尽可能扩大受众人群，避免曲高和寡，争取更多消费群体的支持，以延长其经营生命周期。合理选择餐饮主题，以不同的经营定位来确定相应的设计形式与服务形式，从经营者到服务人员都要热爱并熟悉相应主题，让目标顾客人群获得高品位的视觉和心理享受，通过合理而准确的目标定位将经营风险降到最低限度。

2.1.2 主题突出

主题餐饮空间环境应围绕既定主题渲染空间氛围，营造明确的识别性和强烈的感染力，使主题成为容易使顾客识别其特征并产生消费欲望的产物。产品、服务、色彩、灯光、空间、陈设甚至服务人员的着装及背景音乐的选择，都应服务于主题，而菜肴的选择、菜名菜单的设计及营销口号也应突出主题特点。如"外婆家"餐厅无论是从"外婆爱吃的菜"，到"外婆喊你回家吃饭"的服务口号，无不突出了"外婆家"的经营主题。另外，还可以借助一些动态行为或科技手段来强化主题，如"海底捞"火锅餐厅内的功夫抻面表演等。

2.1.3 创意广泛

创意是主题餐饮空间的设计灵魂，通过创意可以将餐饮空间变为物质与精神双重消费的场所。餐饮空间主题选题广泛，社会风俗、自然历史、文化传统、流行文化、现代科技等都可以作为设计构思的源泉及创作灵感，使空间成为餐饮文化的延伸。创意除了形式上的创新外，也可以是经营策略上的创新，即深度细分主题，以原有主题为主线针对市场需求变化进行多元化及深度化发展，以延长餐饮空间的生命周期。另外，创意还可以是功能上的创新，即以就餐为主要功能，附加欣赏、娱乐、阅读、沙龙、聚会等几种或多种功能，这是目前餐饮空间发展的新趋势。

2.2 餐饮空间设计主题来源

2.2.1 以民族文化为主题

民族文化作为设计主题是目前的一个设计热点，主题餐饮空间设计有利于民族文化的传承。每个民族都有自己独特的文化，餐饮空间设计离不开地域性和民族性。通过不同菜式、不同地域、不同角度来诠释并创新文化，将文化符号渗透到主题空间设计的各个层面上，让就餐者通过菜品、服务、环境甚至一个很小的图案去感受民族文化的迷人魅力，使整个空间的表现力具有更深的延展性。民族文化在传承的过程中强调"神似而非形似"的设计精髓，巧妙运用现代设计中抽象概括的设计手法，提取传统视觉符号，运用新材料、新工艺，力图营造出现代而又具有神韵的设计氛围，使传统文化焕发出新的生机，使餐饮空间张扬特有的文化元素。

例如"辽河渡口"餐厅的设计（图7-2-1），其设计灵感源自辽河文化，也就是今天辽河的入海口辽宁盘锦，这种主题鲜明的地域文化是其他一般餐厅不可复制的品质。经营者和设计师通过对辽河文化深入的了解和提炼，将该地域文化中零散的元素整合为能够传达辽河文化独有文化底蕴的鲜活场面。在餐厅中可以看到老式锁头、香包、模具、劳动工具等以一种崭新的设计形式呈现在顾客面前，餐厅入口处还使用了电子投影等高科技手段。更重要的是，经营者为契合餐厅文化主题，在菜系方面选择了并不在八大菜系中的辽菜，经过精心挖掘地域食材和菜品改良，让顾客在这种从美食到文化的就餐环境中难以忘怀。这种由"品尝美食"到"关注文化"的"渡心旅程"重构了餐饮文化的内涵。

图7-2-1　"辽河渡口"餐厅内部空间及陈设品设计

2.2.2 以形态元素为主题

以形态元素作为设计主题的餐饮空间形式较为常见，其主题可以是某种抽象元素也可以是某种具象元素，可以与企业文化、流行文化等相关联，如科幻元素、海洋元素、时尚元素等。人们对陌生空间的认识，往往是从整体到细部，再由细部到整体的反复交叉的复杂过程。细部元素对人思维的强化，有助于人产生合理的联想与暗示。主题元素的提炼、变形、重构、再生、表达是此类主题餐饮空间设计的关键所在，被赋予到空间的元素形象可以是一种技术性元素，也可以是一种装饰性元素。例如波兰的森林主题餐厅（图7-2-2），其灵感来源于波兰国家森林公园，设计师提取出由做旧木板经加工重构而成的连绵起伏的"山丘"，静静地屹立在山坡上的"高压塔"以及巨大的"星空"背景装饰墙面作为森林元素主题餐饮空间的设计内容，为餐厅增加了空间的梦幻感和神秘感。

图7-2-2 波兰森林主题餐厅

2.2.3 以特定环境为主题

以特定环境为主题，体现特定的环境特征，通过塑造个性的、与众不同的形象，满足特定目标消费群体的"心理期待"，使顾客得到具有个性的主题文化感受。如知青、动漫、音乐、影视、宠物、摄影等特定环境的主题（图7-2-3至图7-2-5）。这种追求"差异化"的个性行为，是通过创造特立独行的"符号"来证明的。"符号"的差异性越强，意味着这种服务产品满足某类顾客特殊偏好的效用性越强，但细化程度越高，目标受众范围就越小，一旦主题选择不当或相同主题的大量复制就会造成经营的高风险。因此，市场分析、主题的选择及主题文化的深层次开发就显得尤为重要。

图7-2-3　"原墨"手作皮具创意空间
以皮具手工制作为主，书吧、咖啡为辅的新型商业空间设计

图7-2-4　厕所主题餐厅
追求个性化主题的极端案例

图7-2-5　台北猫咪主题咖啡厅
为喜爱小动物的人群搭建了一个爱心互动平台

　　"一年三班教室"主题餐厅设计（图7-2-6），是以20世纪80年代出生群体心理特点而设计的餐饮空间。20世纪80年代出生的人多已成家立业，对于自己童年往事有着共同的美好回忆，刷绿漆的墙裙、油漆黑板、表扬栏上的小红花、搪瓷杯子等都是80后抹不去的记忆。根据这些特点可以总结出，"怀旧"是80后餐厅设计的主题，旧物抓住了80后的消费心理需求，又符合环保的设计趋势。目前，"分子美学"在西方十分盛行，即把科学原理应用于对美食的理解与改进，厨房更像是一个实验室，将食品与科学实验中的各种化学反应相一致，如泡沫状、超音速混合技术制成的乳液状等。

2.2.4　以技术手段为主题

　　随着技术与材料的快速发展，在空间设计中借助声、光、电、计算机、多媒体等多种高技术手段，可以带给人以全新的视觉感受和情绪的共鸣。在设计过程中综合考虑技术、形式、结构的相互统一，这种以科技手段为特点的设计风格逐步融入到餐饮空间的设计中，通过技术再现真实的主题环境。还有一些主题餐饮空间运用了高技派的设计手法，不断出现高工业化、高科技感很浓的铝材、槽钢、螺丝、玻璃等，使就餐过程变得新奇而刺激，满足人们猎奇的心理欲望。

图7-2-6 "一年三班教室"主题餐厅设计

例如"Conduit"餐厅的设计（图7-2-7），一切从简单出发，利用金属管材不加任何修饰，只是在色调上做了微妙的处理，利用现代的构成手法，将"线"转化为"面"，使设计在不失整体感的同时，给人以强烈的工业感和科技感。

图7-2-7 "Conduit"餐厅

2.3 餐饮设计主题的构思衍变

餐饮空间主题构思衍变是指空间形象的概念构思与创意的过程，与之前提到的平面功能布局分析过程相辅相成。主题的构思与创意是由餐饮空间的功能需求和主题理念决定的，需要设计师具备专业的理论知识和全方位的设计策划理念。项目在着手设计时，需将设计理念与经营策划交织在一起思考，为设计项目带来更多的经济效益和社会价值。同一个空间，因其经营策略、目标群体、功能需要甚至经济文化环境的不同，可选择从不同的构思概念进入设计。中国的主题餐饮设计滞后的主要原因就是没有真正为经营者服务，而是一味的追求风格和个性，将设计作品与投资定位产生误差，造成设计与经营的脱节。

设计是一个从主观到客观再从客观到主观的不断实践的过程。餐饮空间的主题概念的确立就像是写文章，需要进行一系列的社会调研与分析工作之后才能动笔，整个创造的过程是建立在艺术创想与实践经验基础之上的，只有这样才能将设计意念真正转化为设计现实。在创意构思的环节中，设计意念的转化是一个从虚拟形象向物化实体转化的过程，即设计概念如何从形成、图形化发展到实物推敲深入的综合化过程。在设计的最初阶段，设计者的头脑中可能只是一个初步的设计意向，可以是一种风格、一种时尚甚至是一个社会热点问题，即选择哪个概念为主题。在做好相关文字及资料定位分析后，将这种表象到抽象的过程通过图像思维的方法记录下来，图像思维过程是设计师对信息进行整理、筛选、变化的过程，信息的交互过程越多，创意的选择余地越大。图像记录通常采用徒手画图的方式，用笔将一闪即逝的想法落在纸上，且在记录的过程中由于新的或偶发的图形的产生，同时也会激发设计者新的创作灵感（图7-2-8至图7-2-10）。如以海洋为设计主题时，可以快速联想到海浪、蓝色、曲线、平静等词语，然后将这种感性的设计思维通过图形思维的方法表达出来。

在初步主题构思完成后，再结合设计过程中的限制条件将方案加以完善，通过平面布置草图完成对空间设计中功能分区、交通流线、家具陈设、设备设施、原有结构等的协调与完善，通过绘制大量的草图进行反复的推敲与论证，最后得到符合设计需求的平面布置图，为下一步从平面向立体空间转化的设计过程做好准备。在进行室内空间设计时，需将内部空间的各个界面作为一个连续整体来对待，可通过草模、电脑建模等方法来辅助思维（图7-2-11），将概念通过材料、色彩、造型、灯光等实体要素表达出来，最后以方案效果图及深化施工图的形式加以完善。在餐饮空间设计的方案作业中，一套完整的方案应包括设计定位、设计衍变分析、功能分析、流线分析、深化施工图、空间效果图以及材料与陈设分析等内容（图7-2-12、图7-2-13）。

图7-2-8 "自然·素"餐厅设计衍变分析 李健宝

设计元素提取

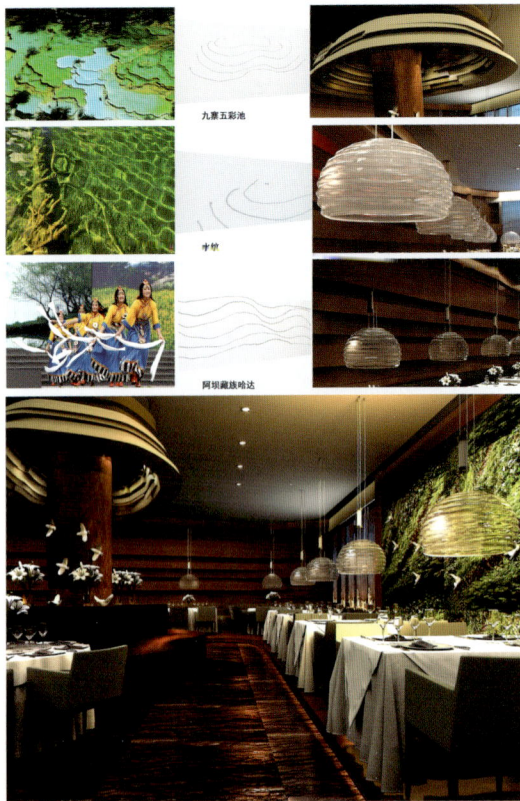

九寨五彩池

守炉

阿坝藏族哈达

图7-2-9 "九寨印象"主题餐厅设计衍变分析 薛刚

设计元素演变

图7-2-10 "来今雨轩"主题餐厅设计衍变分析 张想

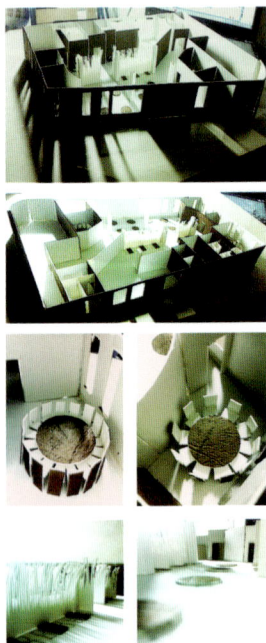

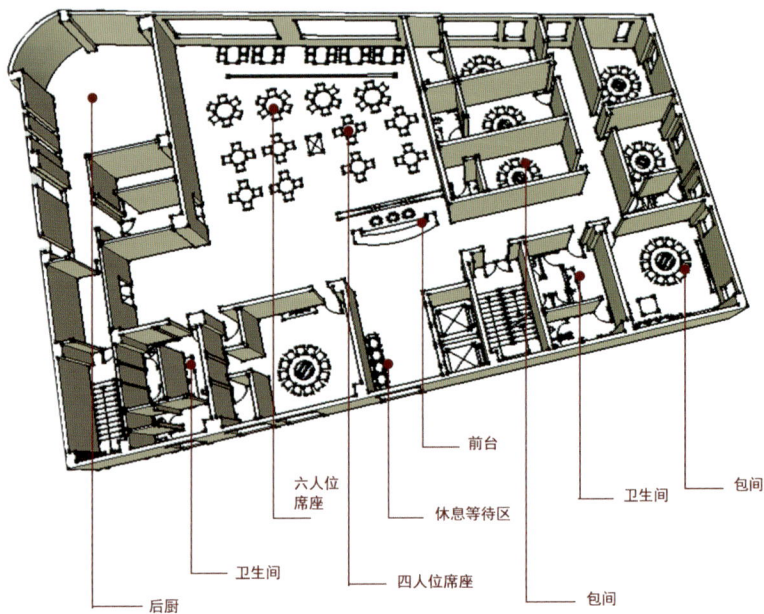

前台

六人位
席座

休息等待区

卫生间

卫生间

包间

四人位席座

后厨

包间

图7-2-11 可通过手工模型及电脑模型辅助创意思维

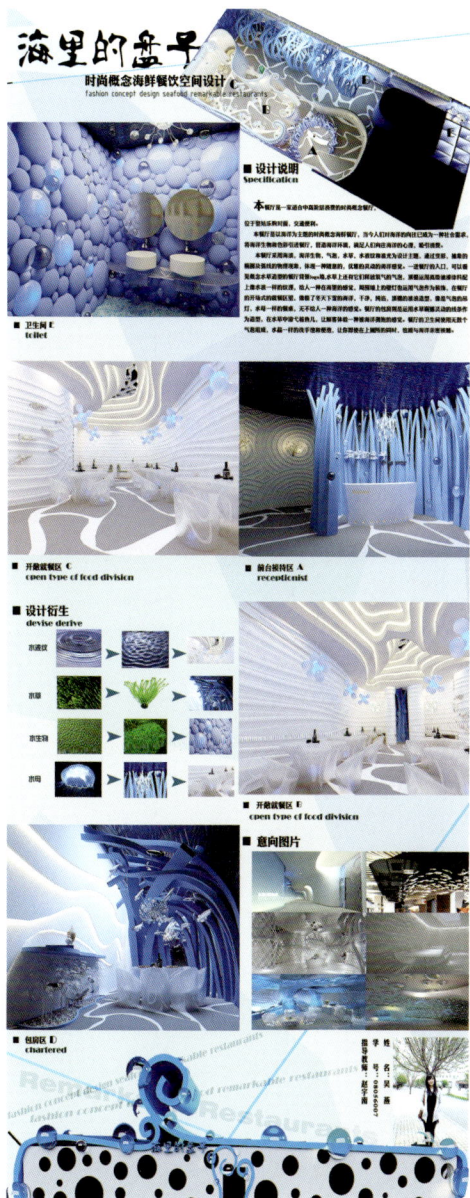

图7-2-12　"海里的盘子——时尚餐厅设计"　吴燕
本案以海洋为设计主题，采用海洋生物、海浪、水草等元素为设计灵感，通过巧妙的变形与重构体现出一种优雅而灵动的海洋感觉

图7-2-13　"艮岳——现代江南主题餐厅设计"　朱常健
艮岳——中国宋代的著名宫苑，虽地处北方却以江南风格建造，将诗情画意融入园林，以典型的山水为创作主题。本案的设计灵感便来自艮岳，运用现代的几何元素及现代材料将此种意境表达出来

第三节　主题餐饮空间的设计表达

3.1　利用空间的结构要素表现主题

　　在室内空间设计中，空间的分隔与重组是设计的重点，当空间结构设计与主题设计相契合时，会形成强烈的视觉冲击力。空间结构除了要满足功能划分的使用要求外，还可以利用不同的空间形式、尺度、比例形成不同的空间感受（图7-3-1）。除了整体的室内空间界面外，其他一些空间构件也起到连接视线的作用，通过形象结构的重复，将不同要素统一为一个整体（图7-3-2）。

| 图7-3-1　夸张尺度的顶棚设计元素，将不同形式的桌椅统一在餐饮空间内 | 图7-3-2　结构柱与装饰柱的重复性设计，使空间融为一体 |

3.2　利用情景的形态元素表现主题

　　人们对室内环境氛围的感知，往往是通过特定的符号信息来传递的，室内空间中形态元素虽小，但它却构成了整个主题的风格特征。在设计过程中，通过具有概括性、象征性及典型性的形态符号对人的心理进行环境暗示，有目的的选择最能传达语义的形态符号，经提炼、抽象、重构后赋予到新形式、新材料上，以一种崭新的形象呈现在我们的眼前，表达出主题的设计内涵，给人以丰富的联想空间，让人印象深刻。例如在设计以中式文化为主题的餐厅入口时，可以提取如"别有洞天"、墨竹等传统视觉形象，用现代的设计语言、设计形式进行重新演绎，创造出强烈的中式主题意味（图7-3-3、图7-3-4）。

图7-3-3　某中式主题餐饮空间入口设计
左图为传统参考形式，右图为经现代设计手法演绎后的入口设计

图7-3-4　"兰亭别院"餐厅设计中的隔墙设计
将中国水墨画以玻璃丝印的形式呈现，既诠释了空间主题，又强化了空间性格

3.3 利用色彩与灯光环境表现主题

　　光与色密不可分，色彩的主题性营造关键在于通过色彩来把握人的心理。通过色彩鲜明而直观的特点，引起人的联想与回忆，从而达到唤起人们情感的目的。光更是空间主题营造的重要角色，利用光的色彩、造型、层次形成不同的光影效果，创造出丰富的环境气氛。餐饮空间的主题可以直接通过色彩及灯光来进行表达，如印度孟买蓝蛙（Blue Frog）音乐主题餐饮空间，以"蛙"为设计主题，主题的表

达通过灯光及色彩的不断变幻得以加强，整个室内氛围也会随着色调发生微妙的变化，使人产生不同的情绪变化和新鲜感。其内部设计将剧院、餐厅、酒吧、俱乐部四种感觉融合在一起，从上向下看，餐桌犹如置于显微镜下的蛙卵，且不在同一平面上，看似随意的布置形式，却解决了坐在"蛙卵"中观看前面舞台演出被遮挡的使用功能问题（图7-3-5）。

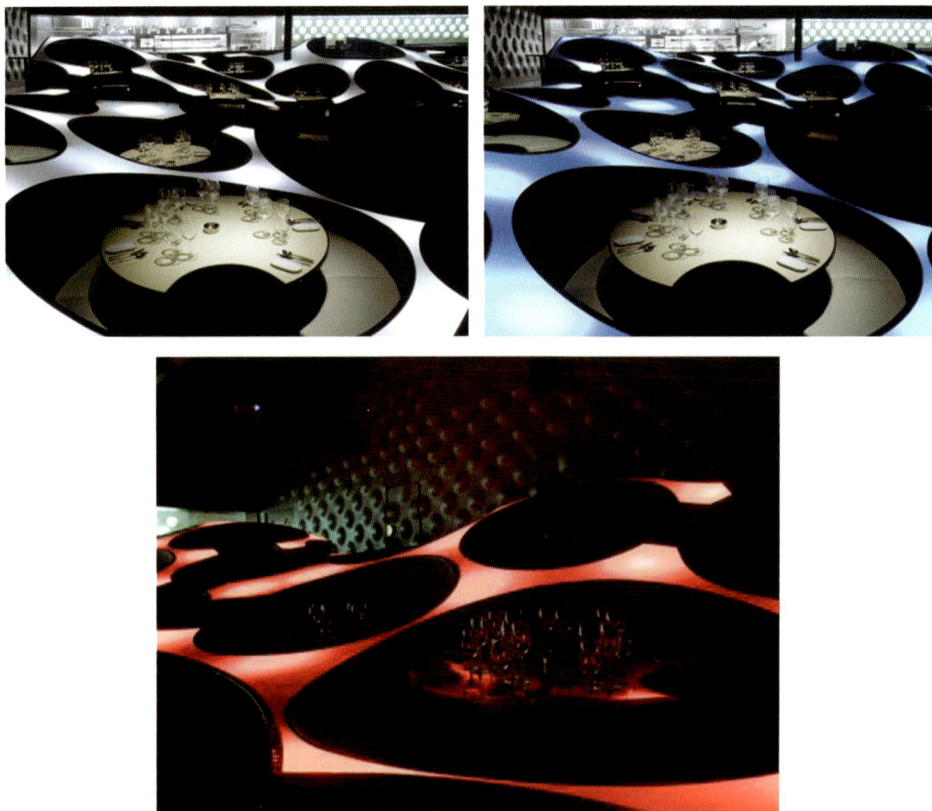

图7-3-5　印度孟买"蓝蛙"音乐主题餐饮空间

3.4 利用材料质感表现主题

　　材料是主题设计的重要物质载体，是餐饮空间设计的重要表达形式。质感与肌理是材料表面结构组织的视觉感受，充分利用天然材料的自然美感与人造材料的优良属性，将不同质感与肌理材料所固有的视觉表情表达出来。例如有着原始力量感的粗糙毛石墙面，现代感十足的光面玻璃等，将这些空间表情与餐饮空间主题创意联系在一起，可以形象地表达某种主题氛围（图7-3-6）。

　　除了将材料进行秩序化的重组形成规整一致的视觉效果外，还可以将不同质感与肌理的材料通过平面化或立体化的组合与重构，形成与主题形式相呼应的空间效果。例如人造石材与天然石材相比，图案重复率高，缺乏自然独特的自然纹理，设计师巧妙地将人造石材裁切后打乱重组，既取得自然独特的纹理效果，又经济环保（图7-3-7）。

图7-3-6 不同材料质感的墙面设计呈现出不同的风格装饰特点

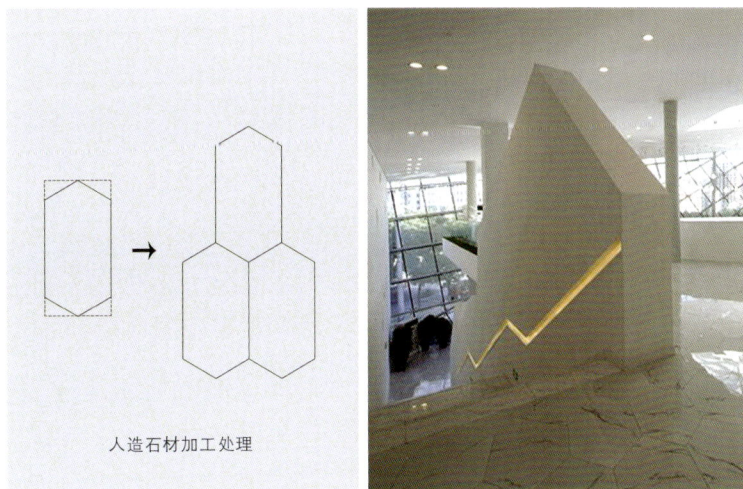

人造石材加工处理

图7-3-7 将人造石材进行裁切后打乱重组后取得自然独特的纹理效果 赵虹

3.5 利用陈设品表现主题

餐饮空间的氛围营造与品质表现往往需要通过陈设品作为媒介表达出来，陈设品对空间的感染力较强，它在潜移默化中传达着空间主题的文化与精髓所在。餐饮空间中陈设品的选择与布置对空间的风格和质量起着确定性作用，为主题的表达注入了更多的艺术气息和文化内涵。

思考与练习

1. 主题餐饮空间的概念是什么？其设计前景怎样？

2. 主题餐饮空间设计的主题来源有哪些？

3. 如何进行餐饮空间主题的切入及创意构思衍变？

4. 主题餐饮空间的设计表达有哪些方面？每种表达方面的设计要点是什么？

5. 以某一设计主题为设计切入点，设计一处主题餐厅，要求有设计衍变过程分析，设计应体现出鲜明而独特的主题特色，条件自拟。

6. 根据某优秀项目案例，分析其装饰材料使用情况，并制作出相应材料样板。

附录　饮食建筑设计规范

《饮食建筑设计规范》（JGJ64-89）

第一章 总则

第1.0.1条　为保证饮食建筑设计的质量，使饮食建筑符合适用、安全、卫生等基本要求，特制定本规范。

第1.0.2条　本规范适用于城镇新建、改建或扩建的以下三类饮食建筑设计（包括单建和联建）：

一、营业性餐馆（简称餐馆）；

二、营业性冷、热饮食店（简称饮食店）；

三、非营业性的食堂（简称食堂）。

第1.0.3条　餐馆建筑分为三级：

一、一级餐馆，为接待宴请和零餐的高级餐馆，餐厅座位布置宽畅、环境舒适，设施、设备完善；

二、二级餐馆，为接待宴请和零餐的中级餐馆，餐厅座位布置比较舒适，设施、设备比较完善；

三、三级餐馆，以零餐为主的一般餐馆。

第1.0.4条　饮食店建筑分为二级：

一、一级饮食店，为有宽畅、舒适环境的高级饮食店，设施、设备标准较高；

二、二级饮食店，为一般饮食店。

第1.0.5条　食堂建筑分为二级：

一、一级食堂，餐厅座位布置比较舒适；

二、二级食堂，餐厅座位布置满足基本要求。

第1.0.6条　饮食建筑设计除应执行本规范外，尚应符合现行的《民用建筑设计通则》（JG37—87）以及国家或专业部门颁布的有关设计标准、规范和规定。

第二章 基地和总平面

第2.0.1条　饮食建筑的修建必须符合当地城市规划与食品卫生监督机构的要求，选择群众使用方便，通风良好，并具有给水排水条件和电源供应的地段。

第2.0.2条　饮食建筑严禁建于产生有害、有毒物质的工业企业防护地段内；与有碍公共卫生的污染源应保持一定距离，并须符合当地食品卫生监督机构的规定。

第2.0.3条　饮食建筑的基地出入口应按人流、货流分别设置，妥善处理易燃、易爆物品及废弃物等的运存路线与堆场。

第2.0.4条　在总平面布置上，应防止厨房（或饮食制作间）的油烟、气味、噪声及废弃物等对邻近建筑物的影响。

第2.0.5条　一、二级餐馆与一级饮食店建筑宜有适当的停车空间。

第三章 建筑设计

第一节 一般规定

第3.1.1条　餐馆、饮食店、食堂由餐厅或饮食厅、公用部分、厨房或饮食制作间和辅助部分组成。

第3.1.2条　餐馆、饮食店、食堂的餐厅与饮食厅每座最小使用面积应符合表8-1-1的规定。

表8-1-1　餐厅与饮食厅每座最小使用面积

类别 等级	餐馆餐厅 （平方米/座）	饮食店饮食厅 （平方米/座）	食堂餐厅 （平方米/座）
一	1.30	1.30	1.10
二	1.10	1.10	0.85
三	1.00	—	—

第3.1.3条　100座及100座以上餐馆、食堂中的餐厅与厨房（包括辅助部分）的面积比（简称餐厨比）应符合下列规定：

一、餐馆的餐厨比宜为1：1.1；食堂餐厨比宜为1：1；

二、餐厨比可根据饮食建筑的级别、规模、经营品种、原料贮存、加工方式、燃料及各地区特点等不同情况适当调整。

第3.1.4条　位于三层及三层以上的一级餐馆与饮食店和四层及四层以上的其他各级餐馆与饮食店均宜设置乘客电梯。

第3.1.5条　方便残疾人使用的饮食建筑，在平面设计和设施上应符合有关规范的规定。

第3.1.6条　饮食建筑有关用房应采取防蝇、鼠、虫、鸟及防尘、防潮等措施。

第3.1.7条　饮食建筑在适当部位应设拖布池和清扫工具存放处，有条件时宜单独设置用房。

第二节 餐厅、饮食厅和公用部分

第3.2.1条　餐厅或饮食厅的室内净高应符合下列规定：

一、小餐厅和小饮食厅不应低于2.60m；设空调者不应低于2.40m；

二、大餐厅和大饮食厅不应低于3.00m；

三、异形顶棚的大餐厅和饮食厅最低处不应低于2.40m。

第3.2.2条　餐厅与饮食厅的餐桌正向布置时，桌边到桌边（或墙面）的净距应符合下列规定：

一、仅就餐者通行时，桌边到桌边的净距不应小于1.35m；桌边到内墙面的净距不应小于0.90m；

二、有服务员通行时，桌边到桌边的净距不应小于1.80m；桌边到内墙面的净距不应小于1.35m；

三、有小车通行时，桌边到桌边的净距不应小于2.10m；

四、餐桌采用其他型式和布置方式时，可参照前款规定并根据实际需要确定。

第3.2.3条　餐厅与饮食厅采光、通风应良好。天然采光时，窗洞口面积不宜小于该厅地面面积的1/6。自然通风时，通风开口面积不应小于该厅地面面积的1/16。

第3.2.4条　餐厅与饮食厅的室内各部面层均应选用不易积灰、易清洁的材料，墙及天棚阴角宜作成弧形。

第3.2.5条　食堂餐厅售饭口的数量可按每50人设一个，售饭口的间距不宜小于1.10m，台面宽度不宜小于0.50m，并应采用光滑、不渗水和易清洁的材料，且不能留有沟槽。

第3.2.6条　就餐者公用部分包括门厅、过厅、休息室、洗手间、厕所、收款处、饭票出售处、小卖及外卖窗口等，除按第3.2.7条规定设置外，其余均按实际需要设置。

第3.2.7条　就餐者专用的洗手设施和厕所应符合下列规定：

一、一、二级餐馆及一级饮食店应设洗手间和厕所，三级餐馆应设专用厕所，厕所应男女分设。三级餐馆的餐厅及二级饮食店饮食厅内应设洗手池；一、二级食堂餐厅内应设洗手池和洗碗池；

二、卫生器具设置数量应符合表8-1-2的规定；

表8-1-2　卫生器具设置数量

器具 类别　　等级		洗手间中 洗手盆	洗手水龙头	洗碗水龙头	厕所中大 小便器
餐　馆	一、二级	≤50座设1个， >50座时每100座增设1个			≤100座时设男大便器1个、小便器1个、女大便器1个， >100座时每100座增设男大便器1个或小便器1个、女大便器1个
	三级		≤50座设1个， >50座时每100座增设1个		

类别 \ 器具	等级	洗手间中洗手盆	洗手水龙头	洗碗水龙头	厕所中大小便器
饮食店	一级	≤50座设1个，>50座时每100座增设1个			
	二级		≤50座设1个，>50座时每100座增设1个		
食堂	一级		≤50座设1个，>50座时每100座增设1个	≤50座设1个，>50座时每100座增设1个	
	二级		≤50座设1个，>50座时每100座增设1个	≤50座设1个，>50座时每100座增设1个	

三、厕所位置应隐蔽，其前室入口不应靠近餐厅或与餐厅相对；

四、厕所应采用水冲式。所有水龙头不宜采用手动式开关。

第3.2.8条 外卖柜台或窗口临街设置时，不应干扰就餐者通行，距人行道宜有适当距离，并应有遮雨、防尘、防蝇等设施。外卖柜台或窗口在厅内设置时，不宜妨碍就餐者通行。

第三节 厨房和饮食制作间

第3.3.1条 据经营性质、协作组合关系等实际需要选择设置下列各部分：

一、主食加工间——包括主食制作间和主食热加工间；

二、副食加工间——包括粗加工间、细加工间、烹调热加工间、冷荤加工间及风味餐馆的特殊加工间；

三、备餐间——包括主食备餐、副食备餐、冷荤拼配及小卖部等。冷荤拼配间与小卖部均应单独设置；

四、食具洗涤消毒间与食具存放间。食具洗涤消毒间应单独设置；

五、烧火间。

第3.3.2条 饮食店的饮食制作间可根据经营性质选择设置下列各部分：

一、冷食加工间——包括原料调配、热加工、冷食制作、其他制作及冷藏用房等；

二、饮料（冷、热）加工间——包括原料研磨配制、饮料煮制、冷却和存放用房等；

三、点心、小吃、冷荤等制作的房间内容参照第3.3.1条规定的有关部分；

四、食具洗涤消毒间与食具存放间。食具洗涤消毒间应单独设置。

第3.3.3条　厨房与饮食制作间应按原料处理、主食加工、副食加工、备餐、食具洗存等工艺流程合理布置，严格做到原料与成品分开，生食与熟食分隔加工和存放，并应符合下列规定：

一、副食粗加工宜分设肉禽、水产的工作台和清洗池，粗加工后的原料送入细加工间避免反流，遗留的废弃物应妥善处理；

二、冷荤成品应在单间内进行拼配，在其入口处应设有洗手设施的前室；

三、冷食制作间的入口处应设有通过式消毒设施；

四、垂直运输的食梯应生、熟分设。

第3.3.4条　厨房和饮食制作间的室内净高不应低于3m。

第3.3.5条　加工间的工作台边（或设备边）之间的净距：单面操作，无人通行时不应小于0.70m，有人通行时不应小于1.20m；双面操作，无人通行时不应小于1.20m，有人通行时不应小于1.50m。

第3.3.6条　加工间天然采光时，窗洞口面积不宜小于地面面积的1/6；自然通风时，通风开口面积不应小于地面面积的1/10。

第3.3.7条　通风排气应符合下列规定：

一、各加工间均应处理好通风排气，并应防止厨房油烟气味污染餐厅；

二、热加工间应采用机械排风，也可设置出屋面的排风竖井或设挡风板的天窗等有效自然通风措施；

三、产生油烟的设备上部，应加设附有机械排风及油烟过滤器的排气装置，过滤器应便于清洗和更换；

四、产生大量蒸汽的设备除应加设机械排风外，尚宜分隔成小间，防止结露并做好凝结水的引泄。

第3.3.8条　厨房和饮食制作间的热加工用房耐火等级不应低于二级。

第3.3.9条　各加工间室内构造应符合下列规定：

一、地面均应采用耐磨、不渗水、耐腐蚀、防滑易清洗的材料，并应处理好地面排水；

二、墙面、隔断及工作台、水池等设施均应采用无毒、光滑易洁的材料，各阴角宜做成弧形；

三、窗台宜做成不易放置物品的形式。

第3.3.10条　以煤、柴为燃料的主食热加工间应设烧火间，烧火间宜位于下风侧，并处理好进煤、出灰的问题。严寒与寒冷地区宜采用封闭式烧火间。

第3.3.11条　热加工间的上层有餐厅或其他用房时，其外墙开口上方应设宽度不小于1m的防火挑檐。

第四节 辅助部分

第3.4.1条 辅助部分主要由各类库房、办公用房、工作人员更衣、厕所及淋浴室等组成，应根据不同等级饮食建筑的实际需要，选择设置。

第3.4.2条 饮食建筑宜设置冷藏设施。设置冷藏库时应符合现行《冷库设计规范》（GBJ72—84）的规定。

第3.4.3条 各类库房应符合第3.1.6条规定。天然采光时，窗洞口面积不宜小于地面面积的1/10。自然通风时，通风开口面积不应小于地面面积的1/20。

第3.4.4条 需要设置化验室时，面积不宜小于12m²，其顶棚、墙面及地面应便于清洁并设有给水排水设施。

第3.4.5条 更衣处宜按全部工作人员男女分设，每人一格更衣柜，其尺寸为0.50×0.50×0.50m³。

第3.4.6条 淋浴宜按炊事及服务人员最大班人数设置，每25人设一个淋浴器，设二个及二个以上淋浴器时男女应分设，每淋浴室均应设一个洗手盆。

第3.4.7条 厕所应按全部工作人员最大班人数设置，30人以下者可设一处，超过30人者男女应分设，并均为水冲式厕所。男厕每50人设一个大便器和一个小便器，女厕每25人设一个大便器，男女厕所的前室各设一个洗手盆，厕所前室门不应朝向各加工间和餐厅。

第四章 建筑设备

第一节 给水排水

第4.1.1条 饮食建筑应设给水排水系统，其用水量标准及给水排水管道的设计，应符合现行《建筑给水排水设计规范》（GBJ15—88）的规定，其中淋浴用热水（40℃）可取40升/人次。

第4.1.2条 淋浴热水的加热设备，当采用煤气加热器时，不得设于淋浴室内，并设可靠的通风排气设备。

第4.1.3条 餐馆、饮食店及食堂设冷冻或空调设备时，其冷却用水应采用循环冷却水系统。

第4.1.4条 餐馆、饮食店及食堂内应设开水供应点。

第4.1.5条 厨房及饮食制作间的排水管道应通畅，并便于清扫及疏通，当采用明沟排水时，应加盖箅子。沟内阴角做成弧形，并有水封及防鼠装置。带有油腻的排水，应与其他排水系统分别设置，并安装隔油设施。

第二节 采暖、空调和通风

第4.2.1条 采暖：

一、各类房间冬季采暖室内设计温度应符合表8–1–3的规定：

表 8-1-3　冬季采暖房屋室内设计温度

房间名称	室内设计温度
餐厅、饮食厅	18℃～20℃
厨房和饮食制作间（冷加工间）	16℃
厨房和饮食制作间（热加工间）	10℃
干菜库、饮料库	8℃～10℃
蔬菜库	5℃
洗涤库	16℃～20℃

二、厨房和饮食制作间内应采用耐腐蚀和便于清扫的散热器。

第4.2.2条　空调：

一、一级餐馆的餐厅、一级饮食店的饮食厅和炎热地区的二级餐馆的餐厅宜设置空调，空调设计参数应符合表8-1-4的规定；

表 8-1-4　夏季空调设计参数

房间名称	夏季室内设计温度（℃）	夏季室内相对湿度（%）	噪声标准（dB）	新风量（m³/h·人）	工作地带风速（m/s）
一级餐厅、饮食店	24～26	＜65	NC40	25	＜0.25
二级餐厅	25～28	＜65	NC50	20	＜0.3

二、一级餐馆宜采用集中空调系统，一级饮食店和二级餐馆可采用局部空调系统。

第4.2.3条　通风：

一、厨房和饮食制作间的热加工间机械通风的换气量宜按热平衡计算，计算排风量的65％通过排风罩排至室外，而由房间的全面换气排出35％；

二、排气罩口吸气速度一般不应小于0.5m/s，排风管内速度不应小于10m/s；

三、厨房和饮食制作间的热加工间，其补风量宜为排风量的70％左右，房间负压值不应大于5Pa。

第4.2.4条　蒸箱以及采用蒸汽的洗涤消毒设施，供汽管表压力宜为0.2MPa。

第4.2.5条　厨房的排风系统宜按防火单元设置，不宜穿越防火墙。厨房水平排风道通过厨房以外的房间时，在厨房的墙上应设防火阀门。

第三节 电气

第4.3.1条　一级餐馆的宴会厅及为其服务的厨房的照明部分电力应为二级负荷。

第4.3.2条　厨房及饮食制作间的电源进线应留有一定余量。配电箱留有一定数量的备用回路及插座。电气设备、灯具、管路应有防潮措施。

第4.3.3条　主要房间及部位的平均照度推荐值宜符合表8-1-5的规定。

表8-1-5　平均照度推荐值

房间名称	推荐值 （Lx）
宴会用餐厅	150～200～300
大餐厅	50～75～100
小餐厅	100～150～200
大、小饮食店	50～75～100
厨房	100～150～200
饮食制作间	75～100～150
库房	30～50～75

第4.3.4条　厨房、饮食制作间及其他环境潮湿的场地，应采用漏电保护器。

第4.3.5条　餐馆、饮食店应设置市内直通电话，一级餐馆及一级饮食店宜设置公用电话。

第4.3.6条　一级餐馆的餐厅及一级饮食店的饮食厅宜设置播放背景音乐的音响设备。

参考文献

[1] 张琦曼，郑曙旸. 室内设计资料集[M]. 北京：中国建筑工业出版社，1991.

[2] 郑曙旸. 室内设计思维与方法[M]. 北京：中国建筑工业出版社，2003.

[3] 盖永成，郭潇. 商业空间设计[M]. 北京：中国水利水电出版社，2011.

[4] 崔笑声. 消费文化与设计设计[M]. 北京：中国水利水电出版社，2008.

[5] 周长亮，李远. 商业空间设计[M]. 北京：中国电力出版社，2008.

[6] 金日龙，任洪. 商业餐饮空间设计[M]. 北京：中国水利水电出版社，2012.

[7] [日] 吉田文和. 完全餐饮店[M]. 杨玉辉，译. 上海：东方出版社，2011.

[8 郭晓阳，陆玮. 商业餐饮空间室内设计与施工图[M]. 北京：化学工业出版社，
    2013.

[9] 王捷二. 饭店规划与设计[M]. 长沙：湖南大学出版社，2006.

[10] 尚慧芳，陈新业. 展示光效设计[M]. 上海：上海人民美术出版社，2006.

[11] 卢小根，蔡忆龙. 宾馆、酒店空间设计[M]. 广州：岭南美术出版社，2011.

[12] 袁小娟. 现代餐厅服务与管理[M]. 北京：化学工业出版社，2008.

[13] 叶苹. 展示设计教程[M]. 北京：高等教育出版社，2008.

[14] 赵宇南. 餐饮空间设计[M]. 北京：北京工艺美术出版社，2013.

[15] 郑曙旸. 室内设计师培训教材[M]. 北京：中国建筑工业出版社，2009.

[16] 柴春雷，汪颖，孙受迁. 人体工程学. 2版[M]. 北京：中国建筑工业出版社，
    2012.

[17] 刘盛璜. 人体工程学与室内设计. 2版[M]. 北京：中国建筑工业出版社，2013.

[18] 《1000室内设计》编写组. 1000室内设计 [M]. 沈阳：辽宁科学技术出版
    社，2008.

[19] 楼庆西. 中国古建筑二十讲[M]. 北京：生活·读书·新知三联书店，2004.

[20] 李怀生. 现代商业空间展示设计[M]. 北京：高等教育出版社，2012.

[21] 王晓，闫春林. 现代商业建筑设计[M]. 北京：中国建筑工业出版社，2007.

[22] 马江晖，刘新. 商业空间展示设计实务[M]. 北京：机械工业出版社，2010.